U0029534

裸食瘦身

真人實證！
Raw Food 飲食法，
實現排毒、增肌、減脂、
逆齡效果的148道料理

嚴惠如 Lulu＿著

目錄

湯

小菜

主餐

{ 米飯 }

{ 麵食 }

{ 咖哩 }

{ 配菜 }

前言

　　我的朋友總是對我的飲食習慣感到很好奇，問我「什麼是裸食？」，「為什麼你都吃不胖？」，「你都不吃肉，怎麼補充蛋白質啊？」。對於大家的疑問，我都很迫不及待的解釋給大家聽。因為我希望周圍所有人都能了解這套飲食方法，跟著一起在生活中實踐，而且我真的相信很快地大家就會感受到身體、精神與生活上的改變，而且越變越健康。看著家人朋友的改變，慢慢地，我又想影響更多人。我想把在裸食廚師學校所學的觀念都傳達出去，這也開始了想出書的念頭，出一本完整的裸食料理書。書中要介紹的是自己平日會吃的料理，而且每樣材料一定是無毒，超營養，甚至有食療的效果。

　　跟著我的食譜一起吃，身體會更健康，皮膚變細膩，頭髮變黑及滑順，而且不會胖，還會瘦。

　　裸食，就是生機飲食。生機飲食中有一個重要的觀念就是不破壞食物的營養性與原始酵素，越簡單的料理方法越保有這點特質。但現代人追求食的健康，也相對地想要食的美味，所以就需要一些工具與方法來達到兩全其美。

　　大多數的人都以為生機飲食因為不開火而偏冷。其實這觀念並不全然正確，就像我愛吃清涼沙拉或是高麗菜夾料，但是冬天一到，也是會隔水加熱或是快速汆燙。其實溫度只要不超過攝氏 40 度 C，營養完全不流失。我也常常使用食物風乾機烘溫菜湯，很多好吃的甜點也會烘至微溫。像製作蔬果榨汁的蔬菜水果也都不放入冰箱，有時也會加辣椒及薑母一起榨汁，所以在冬天時我的手腳反而不像以前冰冷。

　　尚未接觸到生機飲食以前，一直自認身體很健康，每天運動健身，所以身材也維持得很標準。直到有次在醫院做健康檢查時，得知骨質流失。而我當時還沒滿三十

歲，這份檢查報告嚇到我，讓我開始尋找健康的根源，想知道為什麼我吃的均衡、運動足夠，但還是在健康檢查上出現紅字。

為了健康，我在書店買了好幾本生機飲食的書，決定貫徹這樣的飲食習慣。不過書中多數是教蔬果汁及沙拉水果的製作方式，有的書籍花很多的時間解釋生機飲食的重要，又或是列出每種蔬菜和水果的營養價值，但食譜做法都只有一點點。

我一開始只喝生鮮果汁，其他餐都是吃熟食，後來慢慢地加上中午吃沙拉，晚上飯後吃水果，半年後我的骨質密度居然恢復正常。而之前困擾我的掉髮問題、指甲上有白線、皮膚乾燥、貧血、總是容易瘀青，再加上為了體態我總是餓肚子，造成手腳冰冷、肚子常脹氣、排便不正常，就算再瘦還是水腫狀態等等問題，直到開始生機飲食一年後，這些症狀都慢慢消失，我才發現之前嚴重缺乏營養。

就這樣喝果汁及吃蔬菜沙拉的生機飲食法大概持續了一年的時間。為了健康，慢慢覺得自己有時像苦行僧，失去享受美食的幸福感。也向朋友抱怨覺得自己像牛一樣，成天吃一樣的菜，真的越吃越無聊。

2011 年我決定去全球最知名的美國生機飲食學校「Living Light Raw Food School」廚房工作實習，在那裡我打開生機飲食的新領域，學會做出最健康但也出乎意外美味的料理，完全是大開眼界。最棒的是朋友來我家吃飯，要是不說，大家常常不曉得端上桌的每道菜都是生機飲食料理。

人體就像鹼性電池，強鹼可加強電力，假若電池不用，電力流失成酸性，電池就會跟著腐壞生鏽 。若人體成酸性體質，將會促進細胞病變，而這就是癌症的起源。癌細胞不喜歡鹼性環境，若碰到鹼性環境就會快速死亡代謝。雖然我不是因為生大

病而改成生機飲食，但改變之後才親身體驗到每天活力充足氣色好的感覺。這樣的飲食習慣讓我加速新陳代謝、排便正常、越來越瘦，成為改變的最大動力。

根據調查研究，我們每天需要 2000 大卡的熱量以維持身心健康。男性需要 2200~2800 大卡，女性需要 1800~2200 大卡。對於想減重的朋友，每瘦 1 公斤，需要燃燒 14000 大卡熱量。理想的減重計畫是每星期瘦半公斤。我們可以每星期多燃燒 7000 大卡的熱量，或是減少 7000 大卡的食物。我認為光靠少吃熱量，其實對身體是很大的打擊，建議以運動燃燒 3500 大卡，再來少吃 3500 大卡的熱量，所以每天平均運動燃燒 500 大卡，少吃 500 大卡。這樣持續下去，每個月可以健康瘦 2 公斤。

另外我發現生完兩個小孩依然維持良好體態，是因為生機飲食改變我的飲食習慣。當飲食習慣改變後，也慢慢改變運動及作息習慣。除了飲食健康，我也很喜歡運動，每天做瑜伽及靜坐冥想，保持身心健康。

新鮮蔬果的平均熱量相當低，1 杯水果或是天然水果榨成汁約 120 大卡。蔬菜 1 杯約 25 克。堅果類的熱量較高，10 顆約 45 大卡。但不論是堅果、椰油或是酪梨，雖然熱量較高，但因為天然又充滿纖維，吃了不但有飽足感，更重要的是保存了所有食物的營養。我會一整天依照生機飲食的方法來進食，平均主餐約 800 大卡，再來下午喝 1500cc 的現打蔬果汁，蔬果汁裡會添加植物性蛋百粉，約 300~500 大卡，平常也會吃混合堅果及水果當作點心零食，所以一天總共約攝取 1500~1800 大卡的熱量，要是我很忙碌，少吃就很容易瘦下來。我也建議大家不要快速減肥，盡量維持攝取 1800~2000 大卡，這樣身體機能才能正常運作，持續新陳代謝。

另外，同樣 500 克的菠菜葉，炒過後水分會流失。生吃為 2 大杯，煮過剩 1/2 杯。所以生吃蔬菜，除了保留了營養，也保留了水分，比較容易飽。我通常吃 1 杯的菜量就飽了，常常吃不完留到隔天吃，這樣的飲食習慣也讓我慢慢地瘦了下來。

■一般飲食與生機飲食的熱量對照表：

	一般飲食	生機飲食
早餐	火腿蛋餅 295 大卡 甜豆漿 275 大卡	蔥油餅（83 頁）70 大卡 豆腐蛋（82 頁）72 大卡 杏仁奶（79 頁）60 大卡
午餐	義大利肉醬麵 400 大卡 拿鐵咖啡 300 大卡	台式炒麵（127 頁）143 大卡 紅蘿蔔薑母汁（218 頁）85 大卡
晚餐	黑胡椒豬排鐵板燒麵 660 大卡 低糖綠茶 140 大卡	腰果白蘿蔔飯（113 頁）94 大卡 香菇素肉鬆（149 頁）86 大卡 秋葵（142 頁）70 大卡 蕃茄濃湯（89 頁）115 大卡
總熱量	2070 大卡	795 大卡

從以上的對照表來看，生機飲食的熱量低很多，減肥的效果快速而明顯。

我總是告訴大家"我也是人，不是神"，偶而還是會吃肉，吃東西要吃的開心，任何飲食習慣變成一種壓力就不好。所以我藉著出書或是在網路上錄製影片推廣生機飲食，就是要教大家吃的開心。如同我之前所説，一開始也只喝生鮮果汁及吃沙拉，然後製作泡菜和小菜搭配。一天只要其中一餐吃生機飲食，其他餐正常吃，自然而然地去改變飲食習慣。大家也可試一星期固定一餐生機飲食，之後變成兩餐或三餐。所有事都是從零開始，期望我們努力把生機飲食帶進生活中，有一天你會發現"天然的尚好"，用最簡單的食材與食譜，加上生活小提示，讓我來幫你開啟最天然的生活方式和瘦身效果。

Chepter 1
認識「裸食(Raw Food)」

全球愈來愈多
名人與餐廳實行
裸食（生機飲食）

看看現在的好萊塢明星，從 10 年前的瑪丹娜 (Madonna Louise Ciccone) 到現在的前任總統柯林頓 (Bill Clinton) 都大方倡導生機飲食。黛咪·摩爾 (Demi Moore) 及伍迪·哈里遜 (Woody Harrelson) 也由於熱愛生機飲食，他們兩人在共同合演的電影裡都加演了享用生機飲食的場景。名模卡洛·艾德 (Carol alt) 除了大力倡導生機飲食，更出版了多本生機飲食的食譜書。時尚服飾品牌 DKNY 的設計師唐納·凱倫 (Donna Karan) 也對生機飲食相當愛好熱衷。其他名人如史汀 (Sting)、艾莉西亞·席薇史東 (Alicia Silverstone)、雪兒 (Cher)、傑森·瑪耶茲 (Jason Mraz)、蘇珊·莎蘭登 (Susan Sarandon)、艾德華·諾頓 (Edward Norton)、安琪拉·貝瑟 (Angela Bassett) 等也都推崇生機飲食。

好萊塢名人由於對自己的身材有極大的壓力，除了減重壓力，形象生活的壓力也極大，吃健康的生機飲食除了讓他們頭腦清醒，專注力增加，睡眠品質提升，在事業上更有衝勁，抗壓能力也更高。就連蘋果創辦人史蒂芬·賈伯斯 (Steve Job) 的家人也曾對媒體說，生機飲食的改變讓他在罹患大腸癌後多活了好幾年。

因為名人的推廣，許多名廚也開始迎合明星的飲食時尚。像美國餐廳名廚查理卓特 (Charlie Trotter) 在他的餐廳裡加了許多生機飲食食譜，他曾說其實增加生機飲食的食譜並不難，在湯及沙拉上做一些變化，甜點也只要換食材，有時候比一般甜點的做法更簡單。尤其有些生魚主菜是大家的最愛，所以他的餐廳反而更受歡迎，並沒有因此而冷門。我們要在「為吃而活」或是「為活而吃」中找到平衡點。

▲生機飲料店販賣生機飲品

▲超市販賣有機蔬果

◀ 星巴克咖啡店也開始賣榨汁及現打鮮果汁

　　許多餐廳也開始購買生機飲食料理機器，就連星巴克咖啡店也開始賣榨汁及現打鮮果汁。也有許多新鮮榨果汁連鎖店像雨後春筍冒出市面。當然也有百分之一百的生機餐廳，像是在華盛頓市府經營「Elizabeth's gone raw」餐廳的廚師 Elizabeth 說：「人們都認為要吃美食就必須犧牲體重或是健康，但來到本餐廳，你會吃得很開心，吃完心情會很好又沒有罪惡感」。另外洛杉磯「Planet Raw」，西雅圖的「Heartbeat superfood Cafe」，紐約的「Peace food Cafe」，舊金山的「pena pachama」都是現在全球非常知名的全生機餐廳。

　　超級市場裡百分之三十是新鮮蔬果，但現在也多了生機飲食食品專賣區，保存期限不長，但卻是美國人講究方便快速的飲食選擇，也是市面上可以買得到的生機飲食商品。但我還是建議大家盡量自己做，首先因為很好準備及製作，再來也可以與家人和小孩共同做菜，共享親子時光。自己做菜的人其實更珍惜大自然的賞賜，讓我們加強對大自然的連結，並且尊重生命萬物。

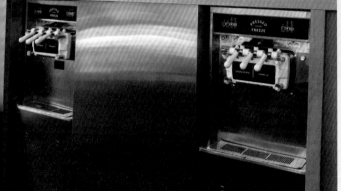

▲ 生機 冰淇淋

▼ 超市販賣康普茶

▲ 超市販賣生機 蔬菜條

▼ 超市販賣生機豆芽菜

13

什麼是裸食？

　　在台灣，大家對生機飲食的認知定義就是吃有機的食材。若是你到台灣生機飲食店，可以發現店家除了賣有機蔬果、養生補品、酵素，也賣熟食品，以全穀的米、麥、豆、雜糧為主，講求七分生食三分熟食。但在國外，生機飲食的定義更加嚴格。

生機飲食稱為生食或裸食（Raw Food）

　　第一條件就是要生食，再來就是要有機。除了不烹煮，當然也不吃任何的罐頭和人造加工的食物。強調吃有機新鮮水果和蔬菜，如豆芽菜、堅果、種子、酪梨、椰子、海菜和新鮮果汁（用自己的榨汁機榨汁，並確保在 10 分鐘內喝完，酵素才不會氧化）。力求食物多元化，攝取食物的天然色素，使用天然的調味料，創造出最「健康」也最美味的料理。

為什麼要生食？

　　所有食物加熱超過 40.6 度 C 以上，就會失去了百分之七十的維生素、礦物質及其它營養成分，並且失去百分之一百的酵素。酵素是「萬物的生命能量」，特別用來幫助人體消化與吸收食物。

　　世界上不論是動物、植物或是有生命力的東西，都有酵素存在。沒有酵素我們不能存活，也無法參與身體所有機能的運作，例如早上醒來刷牙，身體會產生唾液，其實就是酵素。平日也需要從食物中得到更多的酵素，如果沒有足夠的酵素，身體就沒有足夠的生命能量消化食物和產生新的細胞來抵抗病菌感染。

　　而煮熟的食物，除了沒有酵素，分子結構也改變了，可能因此導致體內產生毒性及致癌物質，如糖尿病、關節炎、心臟疾病和癌症，這些疾病都是飲食不忌口造成的。生食蘊含豐富的酵素，所以具生命力，而煮熟的食物沒有酵素，所以是死的。

生機飲食能幫助飲食達到一個良好的平衡，除了獲得充分的營養，也有助於減少毒素的吸收，身體也就自然而然地產生癒合和恢復活力的能力。

為什麼要吃有機的食物？

雖然有機蔬果的價格較高，但是甜美的程度，是用工業化肥栽種的蔬果無法相比的。要是你試著在家種植簡單好種的蕃茄，你就不會再吃外面買的了。

尤其是吃水果或榨新鮮果汁時，選擇有機農產品是非常重要的。一般工業種植的農產品會灑殺蟲劑、除草劑、化肥及有害的化學物質等。健康無污染的土壤，有豐富的礦物質及其他維生素，生長出來的有機農產品也就更加營養。我鼓勵大家支持有機小菜農，因為他們不污染土壤環境及水源，給我們新鮮空氣及乾淨的水，進而保護地球。

氧氣

氧氣應該是身體最重要的養分了。我們住在城市裡習慣沒有樹木和森林，又有汽車產生的嚴重空污，所以其實常常處於缺氧狀態，而且二氧化碳更是溫室效應的罪魁禍首。沒加熱的食物含有最多的氧氣，像蔬菜和水果含有百分之九十的水分，以及百分之六十的養分。醫學證實癌症無法在高氧量的環境裡成長。

水分

水分是生命的開始。水佔地球的百分之八十，我們人體百分之八十也是水，要喝水就要喝好的水。蔬果中的水分其實就像我們身體內的水分一樣，屬於活水，所以身體容易吸收。當我們吃熟食及加工食品時，補充水分更是重要。最有效的補充方式就是透過食用高水分的蔬果，內含豐富的營養及礦物質。寶特瓶裡的水是死水，尤其保特瓶的化學物質會跑進水裡，喝進體內傷害健康，而且寶特瓶已成為地球上最大的垃圾製造來源。愛地球就少用寶特瓶。

一天最少喝八杯水，水分幫忙傳送養分，調解體溫，幫助消化，潤滑關節，幫助我們的皮膚光滑年輕。運動的人更是需要在運動前後喝水。要是尿液偏黃就代表水喝不夠，尿色幾乎無色才代表體內水分充足。

纖維

纖維就像是身體的掃把，而水像是水管，把身上的廢物沖走。吃生機飲食就像身體使用最頂級最乾淨的燃料。就像拿沙拉油加入油箱中，照樣可以開，但車子很快就會壞掉。我們人體可以忍受很多垃圾食物及壓力，但很快文明病就會上身。吃得越健康，身體會更有活力，要是你慢慢改變成健康的飲食習慣，會發現除了體力變好，頭腦也會更清晰，人生態度也會更正面。

酵素

酵素是年輕的泉源。酵素帶給細胞重要的養分。人體每七年會更換全新的細胞，這代表只要我們願意改變飲食習慣，就可以擁有健康美麗的人生，自然地產生癒合及恢復活力的能力。

尤其是生病的朋友，在醫治身體時需要最乾淨又營養豐富的食品。生食可以提供身體產生免疫抗體以及重建自我的防護能力。

補充水分的秘訣： Tips

* 請不要喝含酒精或咖啡因的液體來補充水分，這只會讓你快速脫水。
* 養成一整天喝水的習慣。當你感到口渴才喝時，身體其實已經輕度缺水。
* 養成帶水壺的習慣。
* 注意脫水症狀：如頭痛、沒胃口、中暑、乾咳、深色尿液。
* 運動的人更是需要在運動前後喝水，一天最少喝 12 杯水（2840ml）。
* 運動飲料含有不必要的糖分及色素，建議改喝椰子汁，含有豐富的電解質。

LOHAS 的生活態度

　　生機飲食讓你在生活的許多層面上更加重視環保，並且更珍惜我們的母親大地。若你開始進行生機飲食，盡可能購買包裝較少的蔬果，這可以減少垃圾的製造。此外，假如你能買當地蔬果，支持在地小菜農，也將減少運送蔬果的運輸車所排出的廢煙。而蔬果剩下的廚餘，像是菜根或是果皮，都可以再拿來搾汁，或是用來製造廚餘肥料。

　　而且生機飲食不吃肉是相當慈悲有愛心的，因為少吃肉可減少農場的雞羊牛受苦。

　　飼料場裡養的動物真的很可憐，很多在生長過程中完全不見天日，而且長期踩著糞便。像飼料雞在出生後，因為公雞不生蛋，無利用價值，所以馬上被丟進絞肉機處死。而母雞因為住在 20 隻共生的擁擠小籠子裡，會發瘋打架，所以嘴巴在生出後馬上用機器割斷，而且大部分的飼料農場都用非天然的化學飼料，因此營養不足就容易生病。這也是為什麼禽流感這麼常見的原因，許多農場也因此會在母雞身上注射不需要的抗生素或是生長激素。

　　我並非全素食，若吃肉我一定選擇放山雞、放山羊或放山牛，因為這些動物吃天然的草及蟲子，除了長的肉較營養外，也比較人道。而假若我們能盡量吃素，不購買傷害動物的大衣或產品，像是牛皮皮件、貂皮大衣或是以動物做測驗的化妝品，除了能活得更自在，也可保護地球，享有 LOHAS 的生活態度。

當個城市農夫，自己種菜吧！

　　要是選擇自己種菜，收成時，除了水果更甜美，蔬菜也是格外地新鮮。尤其從樹上摘下或土裡拔起的那一刻，蔬果的養分就開始流失。想想幾千里遠的農場種植的蔬菜，從摘拔、包裝、運送至超市陳列，最起碼一星期至十天，營養早就流失光了。

　　自從我搬到美國後，一直很幸運有相當大的田地種菜，而且種植各式各樣的蔬菜水果，並從中摸索學習。從小白菜至大南瓜，每天在菜田裡玩泥巴，讓我想起小時候和鄰居朋友玩土的時光。我也發現這幾年跟食物更有感情連結，也更懂得珍惜。

　　在美國長期定居，曾經有幾年住在加州舊金山大都市裡，當時相當懷念在大菜園裡種菜的生活。好在我的公寓旁有個城市菜園，於是我決定與鄰居好友成立城市農夫教育非盈利組織，讓住在城市的居民有機會學習種植有機新鮮蔬菜，並體驗下田種菜的樂趣。其實城市菜園在美國已經有二十幾年的歷史，通常由社區義工幫忙管理及號召居民參與，有興趣的社區居民，只要支付農地場地費就可擁有小塊農地，而社區就有經費邀請達人教導。成立這樣的社區組織，可讓大家瞭解翻土、播種、移苗、施肥、除草及收割的過程，讓許多家庭在都市叢林中有塊綠地並藉由種菜享受大自然及親子之樂。這個計畫讓我更有教育下一代「食育」的使命，並讓民眾更有環保意識，瞭解有機無毒生活，不購買運輸幾千里遠並排放幾千里廢氣的蔬菜。

　　開闢一個小菜園，其實相當省錢。像一株 30 元的蕃茄盆栽可以提供整季約 10 公斤的蕃茄，也品嚐得到它的新鮮與美味。此外，種菜相當好玩，能讓大家在陽光底下花時間與孩子一起活動，是都市人下班後紓解壓力的好方法。

其實種菜比你想像的還容易。如果好好的規劃，一家人可以享受一個美麗又能種出營養蔬果的花園，並享受自己的勞動成果。

決定種什麼

假如你是新手，最好第一次種小一點的菜園。許多人一開始過度興奮， 第一年什麼都想種，或是想吃特別的蔬果而種太多，結果盛產時量太多吃不完，反而浪費食物。所以首先要衡量你的家人會吃多少，再來要記住像是番茄、辣椒和南瓜等這些蔬菜會一整季不斷地生長，所以只要種幾株就夠，而其他蔬菜如胡蘿蔔、蘿蔔、玉米一季只生產一次，可以多種植一些。

確定你需要多大的種植空間

一旦知道要種什麼，就要馬上衡量出菜園的面積大小。開闢一個菜園真的不需要一個很大的空間，甚至可以選擇種在盆栽容器中，根本不需要一個院子，只要有甲板或陽台，就可以提供足夠的種植空間。事實上，好好照料 10×10 英尺（約 300×300 公分）的菜園，開花結果的產量通常會比 25X25 英尺（約 750×750 公分）大的菜園還多。 因為一但超過 10×10 英尺，就很容易生雜草或吸引害蟲疾病，反而降低生產。

選擇理想的場所

不論你種植多大的菜園，一定要記住三個成功的基本條件：

1 充足的陽光
大多數蔬菜每天至少需要 6~8 小時的陽光直射，如果沒有得到足夠的陽光，可能不會開花結果，反而容易受到害蟲疾病的攻擊。

2 足夠的水分
大部分蔬菜都不是很耐旱，尤其在中午日照下必須澆水。盡量選擇接近水龍頭的菜園越方便。

3 良好的土壤
一個成功的菜園通常取決於土壤的好壞。大多數蔬菜喜歡濕潤、排水良好，並含有豐富有機物質肥料的土壤。

支 持 在 地 的 農 家

　　當 "有機" 成為一種潮流時，怎麼樣才能追得上？其實並不難。首先從你的周圍開始，不管是小市場或小農場，徹底了解有機蔬果的來源，才能讓你吃的安心，真正吃到 "有機" 蔬果。

農夫市集介紹

　　在美國生活了十幾年，住過不同州，每當搬到新的地方，我一定會馬上去探聽當地農夫市集 (Farmers Market) 的時間及地點。儘管美國農業完全企業化，人民的消費方式因此受到連鎖大企業影響，習慣到超級市場買菜，但近幾年農夫市集依然在各大小城市紛紛冒出來，就是因為有一群像我一樣相當堅持到農夫市集買菜的消費者。在美國，農夫市集通常每週會在固定的地點及時間聚集，讓地方小菜農有機會作交易。

在地農家蔬果新鮮、營養高、價錢公道

　　沒有中盤商壟斷，所以小菜農可索取較高、但對消費者依然合理的價格，也因此小菜農種植有機蔬菜水果的意願較高，不像超市的蔬果，通常是大量企業化種植，使用便宜的化學肥料。而為了增加生產量，他們經常採用基因改良的蔬果種子及有害人體的農藥。這些大企業農場，因為少了地利之便，不像當地的附近菜農可以快速提供當季的新鮮蔬菜，所以通常需要至少兩星期的運輸時間，其實蔬菜水果都已經不新鮮，加上所有蔬果經過不必要的包裝，再由貨櫃車運送幾千里遠而消耗大量的燃料。這些不必要的費用，都需要消費者用更高的價格買回來，相當浪費資源及污染地球。

我會一再強調農夫市集的好處，是因為販賣的蔬果通常是菜農在當天早上摘採，所以你可以品嚐到新鮮或不新鮮的差別。而超市的農產品，在兩個星期前摘取，水果的香味和外觀自然會不一樣。瞭解何時摘取，可以知道水果的新鮮度。任何蔬菜水果在摘取之後到開始腐爛時，酵素及養分就開始流失。所以要買成熟又新鮮摘下的蔬果，此時營養價值最高，香味最好。

有時有些農場在水果還沒成熟的兩星期前就忙著摘取。就拿香蕉來説，經常還是青綠色時就被採收，儘管買的時候為金黃色，但其實養分早就失去一大半。早上現摘與兩星期前採收就是不一樣，這就是當地市集的好處之一。

另外使用哪種肥料等問題，誠實的農家不怕被問。很多人可以開口説大話，説自家的是有機最新鮮，一旦執著問到細節，如果賣家回答不出來，就知道他們是否欺騙消費者。

另外可以詢問種植蔬菜的農民一些問題，像是水果從哪來？哪家農場或是哪裡出產？哪家的信用度較高？甚至可以上網打電話查詢是否真的是有機農場？

也許有人會認為買個水果蔬菜幹嘛這麼麻煩，但是花時間查詢，那些想跟你做長期生意的誠懇商家會給你良好的回應，以後你就可以信任對方，拉近和農家的距離，否則花這麼多錢買有機食品卻被騙，傷錢事小，傷身就划不來了。

不灑農藥就是有機？

很多人甚至是農家都以為不灑農藥就是有機。事實上，種植的農地需要經過 3 年以上無噴灑農藥，並且施放有機天然肥料，才能認證為有機蔬果。

通常菜農也會讓你試吃水果，確保甜美度。正成熟的水果一定最甜，過熟及未熟的水果吃起來就是怪怪的，像是過熟的水果會過甜，開始發酵時吃起來苦苦的，而未熟的水果吃起來就會酸酸澀澀的，所以香甜的水果一定最新鮮。

農夫市集裡也經常會發現較不尋常的水果和蔬菜。有些菜農不在乎形狀大小、外觀或是運輸存放能力，專門為了風味而種植。如果菜農能種植較多不同的品種，當菜園裡的其中一種蔬果受到害蟲侵食時，就不會像工業果園的單一品種的蔬果，一起全部陣亡。所以支持小菜農也兼顧保護大自然的健康生態。

當農夫是相當辛苦的，我喜歡讓更多的錢進入小菜農的口袋，而且支持獨立奮鬥的小菜農或是小店，盡量不去大連鎖店消費。因為大企業壟斷市場，並且逼迫小本商店倒閉，雖然我無法對抗大企業，但可以改變消費行為，堅持讓資金留在自家社區，而並非幾千里遠的工業農場，同時也能增加當地經濟的成長。

如何開始執行生機飲食？

我是一個喜歡嘗試的人，對於新料理及飲食習慣的適應度與接受度也比別人強。因為我發現自己的體質及健康都越來越好，所以更有改變的動力，況且又能保持良好的身材，所以生機飲食是不用再去思考的決定。

但對於周遭的家人和朋友就不那麼容易。我常鼓勵朋友與其改變飲食習慣，不如增加飲食習慣。假如你喜歡吃大魚大肉，那就從多吃一小盤沙拉或泡菜，以及上下午點心時間多喝一杯榨汁或果汁來開始。與其吃熟食，不如多吃生食。我也不是百分百全生食，早餐及午餐大多是生食，晚餐則與家人一起吃點熟食，從來不勉強自己生機飲食。跟朋友吃飯也是如此，我常邀請朋友來家裡吃飯，和我一起分享生機飲食的好處。假如中午在外用餐，我大部分會選擇有機沙拉，晚餐就會吃點生魚片等。生機飲食應該是很輕鬆隨性的。

家人和朋友也會因為你的積極改變，願意接受新鮮榨汁、蘋果汁、柳橙汁，再慢慢的加入小黃瓜、菠菜等。嬰兒在一歲前不能喝牛奶，我的小孩都親餵到兩歲，但在一歲前就已經附加杏仁奶，也會打水果豆奶，再慢慢添加菠菜等。有時榨完汁的菜渣也可以留下來做菜餅或是混入狗食裡。而我的先生不習慣吃全生食，所以我會採取一半一半的料理，例如料理義大利麵時，會將煮熟的麵加入蕃茄生醬等，平常也會幫他榨果汁。只要家人沒有覺得被強迫，大多很容易接受新的飲食習慣。我建議大家抱著嘗試的心態，任何事情要成功就是不斷地嘗試且不放棄，就算今天一整天都沒吃生食也沒關係，明天再開始。不用多，吃一口泡菜或是喝一杯鮮果汁都算成功。

上班族的生機餐

建議上班族朋友盡量在家準備早午餐再帶去公司吃。我的早餐大部分可以在週末事先做好，或是很快地就可以準備好，果汁或是榨汁的材料也可以在前一晚先準備好。午餐通常是把前一晚的晚餐加點變化。

如果一定要三餐外食，建議早上吃的水果，再帶奇亞籽到公司泡水喝；中午購買沙拉，或是熟食配泡菜或沙拉，下午再多吃點水果；晚餐可以到果汁店，請老闆幫你榨一杯紅蘿蔔汁或打一杯木瓜牛奶（有時你可以問問果汁店老闆是否可以長期合作幫你折價）。

建議每天睡前想一想明天要怎麼吃，這樣的話可行性及實踐度會比較高。記得告訴自己就算喝一杯新鮮柳橙汁或是一杯優格就算成功了。

小朋友的生機餐

小朋友的生機餐，我最喜歡準備，也最好處理。早上先給一杯現打的鮮果汁，其它不吃也沒關係；中午用半生半熟食材做混合料理，例如熟義大利麵條混合青醬或是紅醬；晚上利用五穀胚芽米配豆腐蛋（參考早餐食譜 82 頁）。當我回家後小朋友最開心了，因為我們會一起討論這星期要做什麼甜點，然後一起製作。由於不使用烤箱，所以所有製作過程都相當安全。

老年人的生機餐

家裡的老年人也可以嘗試生機料理，像濃湯類或是較軟的菜色，如蔥油餅、優格或奶酪等。如果怕湯類太冷，可以隔水加至微溫。果汁榨汁也都可以給他們喝。

運動族的生機餐

如果運動量大的朋友擔心攝取過多的蛋白質或熱量，除了吃正餐外，可以多加一點高蛋白粉。我平常都會在沙拉上加亞麻子或大麻子豆，也可以用芝麻豆來代替。而且無時無刻都隨身帶一包綜合堅果當零嘴。打果汁時都會加高蛋白粉，尤其在懷孕期間會多加兩倍的蛋白粉來補充營養。每次只要不用蛋白粉就會快速瘦下來。

我在高中到大學期間，因為愛美而努力節食，結果被診斷出骨質疏鬆，之後肺也有個開口。自從改成裸食習慣六個月之後，吃的食量比以前多，但體重卻下降了，而且肺部開口竟然自然痊癒，醫生也無法解釋。最棒的是現在近 40 歲，持續親餵母奶 4 年，我的骨質指數不但增加，而且持續維持良好狀態。

健康有狀況的人的生機餐

如果是身體出問題而想要吃得更健康的朋友，我會建議從榨汁開始。因為榨汁能將所有蔬果的菁華萃取出來，再加上沒有菜渣纖維，不至於喝一杯就飽了，一天可以喝 3~5 杯。等身體狀況好一點，可以再來打果汁 。

比較骨感或較輕較瘦的朋友，如果想增重，可以多健身運動，喝高蛋白粉（植物性）。冬天手腳冰冷可以多吃辣。我的榨汁及果汁裡會放薑母及薑黃一起攪打，可以促進血液循環。

熬夜族的生機餐

喜歡熬夜的朋友，建議改掉熬夜的習慣，因為我們身體內所有的器官都是在睡眠中修復。小朋友與青少年長高期間，骨骼細胞分裂與成長也都是在此期間進行，所以早睡很重要。再來我也不多吃宵夜，以免造成腸胃負擔，因為在睡眠中不能好好休息，必須運作消化，而且會導致消化不良，這樣也容易發胖。如果真的要吃宵夜，我會吃點水果，喝點杏仁奶，並且盡量早睡，是身體健康與減重的關鍵。

瘦身族的生機餐

想要減重的朋友，其實只要持續吃我的料理食譜，熱量攝取就會減少許多。我也不建議馬上大量減少熱量的攝取，因為這樣會影響新陳代謝，身上的器官機能也會減慢。我也不相信各式各樣的快速減肥法，而是相信生活及健康的飲食改變才有瘦身效果。我的秘訣除了早上喝現榨鮮果汁，還會在蔬果汁裡再加入纖維粉，除了幫助排便，更有飽食感。另一個秘訣就是多喝水，有時我們覺得肚子餓，其實是口渴。喝了水後，除了解渴，之後就沒有飢餓感。另外每一餐會準備大分量的料理，但告訴自己不用全部吃完，剩下的可以留到下一餐。若無法控制食用分量的朋友，建議將分量減少。有時我也會一餐裝一半分量，這樣只吃一半，餓了就喝水或是蔬果汁。

生機飲食的瘦身效果好

　　生機飲食對我來說是一件很自然的事。生機飲食天然、簡單、沒有加工，最重要的是生機蔬果含有豐富的營養，而且洗一洗就能馬上吃，擁有健康的脂肪，無加工糖和無防腐劑。如果想要減重，就降低脂肪或糖分。但我其實都沒有刻意降低脂肪或糖分，還是依然瘦得很健康，而且吃得很有滿足感。

　　加工食品隱藏許多加工糖、加工鹽、加工脂肪，讓我們對這些食物上癮，並延長保鮮期限。很多肉類含有許多反式脂肪，所以也添加了許多不必要的熱量，造成心臟的負荷。

　　蔬菜水果雖然是低熱量，但是吃一點就會有飽足感。許多堅果豆雖然熱量較高，但卻有豐富的營養及脂肪，只要適量食用就不會有太大的影響。再來，蔬菜水果有豐富的纖維，需要花時間消化，不會很快感到飢餓，所以瘦下來的機會更大。美國名主持人歐普拉 (Oprah Winfrey) 依照熟食與生機飲食為 20：80 的比例飲食，並多吃蔬菜水果達到瘦身效果。早上吃奇亞籽加椰奶，中午吃沙拉，晚上吃鮮魚鮮肉配點菜，點心是鮮果汁及水果。以百分之八十的生機飲食和百分之二十的熟食均衡一下，減肥成功的機率也較大。

體脂的改變

　　根據許多研究報告，生機飲食可以降低全身的體脂肪。其中一個報告指出，參與實驗的試驗者，將生機飲食習慣融入平常飲食，平均在 3 年內減重 10~12 公斤。尤其是百分百生機飲食者的體脂肪降的最低。另外一項研究報告指出，生機飲食者的體脂肪比例比一般飲食者低百分之七至十左右。哈佛大學報告也指出，崇尚低脂素食，尤其對生機飲食者的減重相當有效果。

網路影片裡也有許多過重者養成半生機飲食的習慣後，在半年內或一年內減重成功的案例。其實我當初是為了調整身體狀況而改用生機飲食法，瘦身完全是附加效應。所以朋友都問我這幾年保持良好身材的秘訣，我的答案是不讓自己餓肚子，無時無刻都在吃東西。只要吃對的東西，除了頭腦清晰，自制力也比較高，身心可以很健康。我的體型不大，比較 10 年前和生完兩個小孩後的體重，不但完全沒有增加，而且體力及肌耐力都比 10 年前好，當然，加上我有良好的健身習慣，平常會打球、攀岩及做瑜伽。我認為任何一件事都沒有捷徑，凡事有心做起，就會漸漸發現體重及體脂肪的改變。因為生機飲食不只是改變吃下肚的東西，還有飲食習慣，只要養成良好習慣，你的生活自然會比較順心如意。'

精神的改變

我一開始吃生機飲食時，發現蔬果內的活酵素及纖維素讓排便和排尿相當順暢，完全體驗到無毒一身輕的感覺，清腸排毒的料理也讓我整個人身心愉快。當時大家都說我變了，但又說不出哪裡不同。其實是整個神情體態、待人處事都不一樣，不再餓肚子，好像抱怨少了，笑容多了，走路抬頭挺胸，有精神也更有自信。

我身旁的朋友除了問我如何保持身材，最常問的另一個問題就是皮膚為什麼這麼好，看起來很年輕。很多人花了很多錢買保養品及拉皮整容，還是會羨慕我的自然美。我常自嘲亞洲人老得比較慢，但我很清楚其實是生機飲食料理及習慣讓我換發自然風采。

再次強調酵素對人體相當重要，除了幫助消化，還能加強吸收營養、提供能量、排毒及促進賀爾蒙分泌。酵素更可以修護基因ＤＮＡ，代表可以幫助細胞重生、增加活力，尤其是皮膚細胞，更可以維持青春。

健康的改變

肝臟是人體很重要的器官,所有排毒的工作都需經過肝臟過濾。有機蔬菜水果通常沒有農藥毒素,也沒有肉類裡的賀爾蒙及抗生素,而且纖維素、水分、抗氧化素及其他營養都對肝功能有很大的幫助,例如洋蔥、蒜頭、檸檬、甜菜根、苦瓜及蘋果都對肝臟很好。若肝臟好,皮膚才會光滑不暗沉,更不會有黑斑毒素。

皮膚的改變

蔬菜水果裡有豐富的植物雌激素(phytoestrogen),和我們人體中的雌激素(estrogen)相似。研究指出植物雌激素可以補充人體中的雌激素,防止膠原蛋白(collagen)及彈性素(elastin)流失,是健康皮膚及永保青春的重要元素。

而我們煮菜時,不只營養流失,連水分都嚴重流失。人體體內及皮膚內的百分之六十四都是水分,所以水分的補充對皮膚的彈性及健康也是相當重要。盡量多吃小黃瓜、西瓜、大芹菜、高麗菜、番茄,這些都是水分相當多的蔬菜。

Chepter 2

走進生機
飲食廚房

認識 Lulu 的 LOHAS 廚房

生機飲食祕訣

其他生機飲食調理的重要技巧

做菜工具

基本刀功

認識 Lulu 的 LOHAS 廚房

Lulu 的 LOHAS 廚房其實和大家的廚房大同小異，使用的食材也大致相同，只是不再煎煮炒炸，而是浸泡豆芽、切菜、涼拌。只使用料理機、果汁機、榨汁機及脫水烘乾機。 一開始改變習慣會有點奇怪，但只要做久了就會越來越順手。

我的食材大部分是從農夫市集購買的，通常最便宜也最新鮮。而台灣早市應該是最方便取得的地方，雖然無法完全購買有機蔬果，但起碼是最新鮮的。現在台灣也有不少有機商店，通常販售很多乾糧和各種商品，如果真的買不到需要的商品，網路也都買得到。

常用的水果有：檸檬、香蕉、酪梨、蘋果、椰子、柳丁、芒果及各季盛產的水果。
要選擇看起來新鮮、沒破爛的水果。我很少購買冷凍的蔬果，如果一次買太多，就會將使用後剩下的部分冷凍起來，像是草莓、香蕉盛產的季節，把吃不完的部分留下來打成果汁。

常用的蔬菜：芥藍菜、夏南瓜（Zucchini）、菠菜、洋蔥、羅美生菜、番茄、小黃瓜、甜椒、西洋芹及小芹菜。
盡量少買已經切好及包裝漂亮的蔬菜，因為不曉得這些蔬菜切好後到底擺放多久，而且盡量不要買超過 3 天的分量以保持新鮮度。

▲ 將新鮮香草用脫水烘乾機烘乾，取下乾燥葉子後儲存

常用的香草類：薄荷、九層塔、牛至（Oregano）、細香蔥（Chives）、百里香、迷迭香。

　　自己種香草相當簡單而且很省錢。請選擇值得信賴的有機花商或農商購買香草盆栽，不然也可以自買有機種子，發芽後再放進土裡。

　　種植健康的香草，祕訣在於盆栽放置的地點。香草必須在有陽光照射 6 小時以上的地點栽種，所以窗邊最為理想。而午後陽光不能直曬，會讓香草曬乾毀壞。另外必須選擇盆底夠大且流水通暢的盆器，不要將所有香草擠在小盆子裡，香草會因為搶不到養分而長得小或營養不良，也容易病變死亡。再來如果盆底沒有洞，香草根會淹死或發霉腐爛。最後選擇有機泥土並適時澆水，你將會有收成不完的香草。

　　通常一年四季會盡量採用新鮮的香草，多的會拿來榨汁。要是真的產量過多，可以用脫水烘乾機烘乾並儲存。

常用的生堅果及瓜子：巴西果、南瓜子、葵花子、胡桃、核桃、大麻子（Hemp seeds）、腰果、杏仁 亞麻仁籽（Flax seeds）、奇亞籽（Chia seeds）。

　　因為五穀雜糧可以放較久，可以一次多買一點，但還是不要超過一個月的量。買回來後浸泡 8 小時，讓堅果馬上發芽，之後脫水烘乾，再放進冰箱冷藏，所以當你需要時就可馬上使用。

常用的五穀：燕麥種子、燕麥片、斯佩爾特小麥（Spelt）、蕎麥種子、野米（Wild rice）。

　　只購買一個月的量，放進密封的罐子裡儲存。

常用的堅果醬：杏仁醬、花生醬、腰果醬及芝麻醬。

　　你可在生機飲食店買到生的堅果醬。一般超市賣的花生醬除了使用高溫烘乾，又加入過多的砂糖和不明的固態脂肪、防腐劑及其它添加劑。其實自己做醬料最安心。

常用的食用油：亞麻仁籽油、橄欖油、香油（白芝麻油）、椰子油。

購買有機、冷壓及初壓的油。例如橄欖油榨汁後，呈現淡淡的水果香味，保持了鮮美的原始自然風味，富含濃郁的葉綠素。亞麻仁油、橄欖油或香油（白芝麻油）必須冷藏，並且在一個月內食用完，否則容易變質。另外，我也常用椰子油，室溫下成固態狀，不需冷藏，但也要在一個月內食用完畢。

常用的鹽：夏威夷海鹽、喜馬拉雅湖鹽。

不要再食用碘超高的化工鹽了，建議食用含有豐富礦物質的天然海鹽。

海鹽來自海水或是湖水岸邊曬乾的結晶物。天然海鹽共有 70 種酵素和礦物質，像是鐵、鎂、鈣、鉀、錳、鋅及碘等。因為沒有經過加工加熱，所以很健康，人體也很好吸收。喜馬拉雅山脈等山區採集到的「岩鹽」有兩億年之久，被稱為最沒有被污染的純鹽。

化學鹽是家庭裡最常用的鹽，從海鹽場萃取，高溫加工，再透過離子交換加工，其中氯化鈉含量高達百分之九十九，也稱精製鹽。之後再加入化學碘，所以精製鹽是不天然的鹽。

左為海鹽、中為岩鹽、右為化學鹽

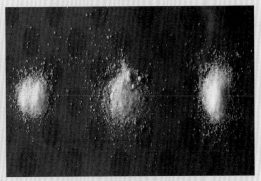
左為海鹽、中為岩鹽、右為化學鹽

常用的醬料：黑豆醬油（傳統釀造）、羅望子醬（Tamarind paste）、味噌醬。蘋果醋、巴薩米可醋 (Balsamic Vinegar)、啤酒酵母。

醬料可讓平淡無味的生機飲食料理馬上變得很美味，挑選原則以天然發酵過的產品為主，非化學加工調配的。

常用的香料及提味食材：新鮮的大蒜、新鮮的薑母、番茄乾、橄欖乾、紅海藻（Dulse）、海苔、純可可粉及可可豆、肉桂粉、豆蔻莢、香草莢、大蒜粉、洋蔥粉、辣椒粉（Cayanne pepper）、辣椒片、薑黃粉（Turmeric）、咖哩粉、胡椒粉。

我的生機飲食料理好吃的祕訣就在香料及提味食材。而最棒的是這些香料，除了提味也有很高的營養價值。挑選原則就是越新鮮越好，並且觀察香料罐上有沒有註明有機認證。

常用的果乾：葡萄乾、蔓越莓、黑蜜棗、枸杞子、椰乾。

一般使用的果乾，是工廠高溫烘焙，易造成營養流失，而且也加入大量的防腐劑，所以盡量買日曬 (Sun Dried) 的果乾。

常用的糖：仙人掌糖汁（Agave Nectar）、純蜂蜜（無其他果糖混合）、棕櫚糖（Palm sugar）、蔗糖、楓糖漿、甜菊粉 (Stevia)、黑蜜棗、羅漢果糖漿及黑蜜糖等。

許多人以為我不吃糖或不使用甜的東西做菜，其實我常常食用糖漿，只是不食用精製加工且無營養價值的精製糖。

仙人掌糖汁

純蜂蜜

羅漢果糖漿

甜菊粉

黑蜜糖漿

生機飲食祕訣

　　我認為生機飲食成功的祕訣就在於懂得變通。例如你在本書中看到某些食譜，很想試試看，絕對不要因為食材不同或是缺少工具就放棄嘗試，要懂得找相同類型的不同食材來替換。而且要是覺得書中的食譜太甜或太鹹，可以依適合自己的口味來調整。大部分生機食譜的食材可以互相替代。其實我想傳達的觀念是，這是樂活餐，不是考廚師執照。做菜要做的開心，吃的快活。只要肯嘗試一定會慢慢做到完美。如果有時想吃熱的東西，也可以低溫加熱，雖然酵素會流失，但最起碼可保留部分營養，　例如以下的例子就是要傳達我所謂的變通觀念。

Tips

* 若要降低鈉的攝取，可以不用鹽巴，改用海藻粉。海藻粉會帶有一點海鮮味，讓食物味道變得鮮美，可以降低鹽的使用量。
* 檸檬可代替食用醋。
* 甜蜜棗可用來代替糖漿。
* 堅果豆可互相替換作醬料。
* 梨子及蘋果可互相替換。
* 任何海菜海苔可互相替換。

海藻粉

生機飲食調理的重要技巧

浸泡野米（Wild rice）

　　野米其實不是稻米，而是加拿大及美國湖邊水草的種子，外皮就像紫米一樣，有著深黑色的殼，而中間的種子在泡過水後，表皮就像剝香蕉皮一樣，開花露出果肉，肉心吃起來有淡淡的果香味，口感像是煮過後的白米，相當鬆軟有嚼勁。

　　未經打磨的外殼，比白米含有更多的蛋白質，保留著豐富的營養素和纖維質，所以能促進腸道蠕動。所含的蛋白質也比任何五穀雜糧高，在美國有很多人會將野米當作一般的米煮熟食用，營養最高。

　　調理方式是清洗野米，緊接著浸泡野米。比例為 3/4 量杯的野米及 946 毫升的清水，裝進玻璃碗或杯中，放進食物風乾機內，將風乾機溫度調至 46 度 C，風乾 12~24 小時，取出用濾網過濾米，將多餘的水分倒掉。

　　然後必須先加水蓋過杯中的米的高度才可以放進冰箱，而且每天換水，可以保存一星期。

野米

加水浸泡野米

浸泡後的野米

浸泡堅果

　大自然母親有它奇妙的地方，為了防止堅果種子隨便亂發芽，都有表皮包覆來抑制酵素生長的物質。因為酵素為生命的泉源，只要酵素被激發，種籽就會開始發芽，所有種子在此時的營樣價值最高，含有豐富的酵素蛋白質。只要泡水溼潤一段時間，就可去除酵素抑制物質，這就是為什麼冬天通常為乾季，春天有大量的雨水，萬物緊接著發綠芽的原因。所以每次堅果買回家後就要馬上浸泡，直到發芽後再風乾，以便馬上使用。堅果浸泡時間不一，以下表格可當作參考依據。

杏仁 8~12 小時	巴西豆 2 小時	腰果 2 小時
奇亞子（Chia seed）6~8 小時	榛果（Hazelnuts）2 小時	芝麻 4~6 小時
亞麻仁子（Flax Seeds）4~6 小時	胡桃（Pecan ）2~4 小時	胡桃 6~8 小時
南瓜子 4~6 小時	葵花子 4~6 小時	小麥 10 小時
裸麥 10 小時		

種植豆芽

　豆芽為生機飲食料理中最常見到的食材了。千萬別小看小小的豆芽絲。豆芽不僅口感好，還富含維生素、纖維素、蛋白質、抗氧化劑與酵素等所有營養，有時候比大顆的蔬菜還營養，像是綠花椰菜發出來的 20 克芽絲營養素，比三大把花椰菜還多。而且如果是自己種豆芽，幾乎可以在任何地方，最棒的是只需要一些基本器具就可以開始種，很省錢，而且味道也比市面上賣的甜美好吃、無農藥以及 3~5 天就可收成。我採用以下兩種方法種植：

　一種在玻璃罐中種植：先將 1 大匙種子放進 1000cc 水的玻璃罐中。將種子浸泡 8 小時，除去酵素抑制素。切一小塊紗布或是濾網，蓋在瓶口上，用橡皮筋綁緊，讓空氣流通。將罐子斜放 45 度。每天早晚沖水清洗，4~5 天就可收成。

　　另一是在盤上種植：準備花盆或任何盤子。填滿泥土，泥土中不要有任何化學肥料、殺蟲劑之類的成分。我都用有機泥土，或是不用土，但使用有機肥料泡水。先將種子浸水一夜，隔天將種子均勻灑在泥土上，用手稍為施壓，將種子壓入泥土中。種子量將依照容器的大小衡量，大致上以種子均勻蓋滿為準，如果過多種子會容易發霉，所以均勻分布即可。每日早晚澆水，直到發芽，照此方法，再種另一盆，發芽之後，再種另一盆，如此輪流栽種，將花盆放在通風陰涼處，約一星期，就可收成了。

做菜工具

生機飲食的廚房雖然使用相同的食材，但工具就大有學問。因為我實行生機飲食已經很多年，所以現在擁有各式各樣的器材。但一開始就只有一把菜刀及一般的果汁機，在沒有其他工具之下也做菜做了一年。我有很多超棒的食譜真的只需要一把菜刀而已。後來告訴自己每個月投資一件器具，所以一次花費不會太多。而且建議買最好的品牌，一分錢一分貨，自從購買這些機器後，我的廚藝大增，發明食譜的能力也更高一層。如果沒辦法一次購買所有器具，就先從一把好菜刀開始，緊接著是生機調理機（Blender）、食物調理機（Food Processor），然後是再買食物風乾機（Dehydrator）。我有很多朋友在拍賣網路上購買，也一起分享器具。每星期一起約在特定朋友家裡做料理，除了可以話家常，還可將好吃的料理帶回家。

菜刀

　　好的菜刀將是讓你成為大廚的第一步。我建議大家什麼工具都不用急著買，先花大錢投資一把好的菜刀，它將是你在廚房的最好朋友。我的廚房共有五把很好用的菜刀，有西式廚師刀（Chef Knife）、水果刀（Paring knife）、中式菜刀（Cleaver）、切肉刀（Carving knife）及麵包刀（Serrated Knife）。廚師刀是最重要的刀子，它可用來代替任何一把刀，長度約 15~20 公分長，光是這把刀就花費我上萬元台幣，其他菜刀則是慢慢添購的，想想這些工具會幫助你做出美味的料理給家人和朋友吃，並加快做菜的速度省下時間與家人多相處，對生機飲食料理也更上手，所以相當值得的投資。

　　我很多朋友都喜歡買陶瓷刀（Ceramic Knife），因為此款刀相當銳利，最重要是相當輕巧。它不像一般用的鋼刀在切菜過程較容易加速蔬菜氧化。不過陶瓷刀相當脆弱，如果不小心很容易缺角或斷裂，所以千萬不能拿陶瓷刀來切剖椰子或是太硬的東西，否則上萬塊的刀子一下子就斷裂了。

生機調理機（Blender）

　　好的生機調理機跟一般的機器大大不同，好的生機調理機可打汁、打泥及研磨，製作冰砂、豆奶及堅果醬等。一般專業廚房絕對需要一台頂級的食物調理機。目前市面上最好最貴的機器品牌有 Vita Mix 及 Blendtec，基本上兩家品牌的品質都有很好的評價。調理機每分鐘轉速在 30000 次以上，可以打較堅硬的材料，例如直接把杏仁打成杏仁醬，打成比較綿密的質感。如果你真的很喜歡做菜，我建議買台好的料理機。但假如沒有經濟能力，以一般普通的果汁機開始也沒問題，多打幾分鐘，盡量做到相近的研磨程度即可。

食物調理機 (Food Processor)

可以切菜、打碎、研磨、打成泥狀，還有攪拌功能。食物調理機和生機調理機不太相同，雖然有時功能可互相取代，但是食物調理機較適合切硬的或固態的東西。我常用來切細丁、切絲及打泥。食物調理機有 3 杯容量大小的，也有 12 杯容量大小的，小的適合旅行帶著，大的適合用來刨蔬菜絲，我使用的是 7 杯容量大小，可用來打豆、磨粉，也可以刨絲，大小剛好。

蔬果榨汁機 (Juicer)

生機飲食料理中一定會有純的蔬果榨汁。蔬果榨汁裡沒有任何的纖維或雜質，只有純汁，但仍有酵素及所有的營養成分，所以蔬果榨汁機比料理機打出來的果汁更容易消化吸收。很多生病的人一開始吃生機料理時，一天無法喝足 5000cc 用料理機打出來的濃稠果汁，此時就可喝蔬果榨汁，先讓身體適應再

成濃稠的蔬菜汁。我每天早上第一件事就是榨鮮果汁及小麥草汁，讓身體馬上吸收所有蔬果的養分精華，也有排毒效果。

食物風乾機 (Dehydrator)

食物風乾機和烤箱的功能不太相同。烤箱的烘烤溫度大多超過 100 度 C，而風乾機則不超過 40 度 C。之前提過酵素超過 40 度 C 就會完全流失，雖然有些人會用烤箱低溫脫水食物，但只要食物加溫超過 40 度 C 就會失去酵素養分。只有食物風乾機有辦法在風乾的過程中不流失酵素和營養 。我的廚房沒有烤箱，也不用微波爐，一切都用風乾機脫水或加熱。市面上的食物風乾機有兩種，常見的是空氣從底盤抽入加熱風乾，另一種是空氣從後方抽入，快速地均勻加熱所有的乾燥盤，再散佈到每一個角落。

蔬果切片器（Mandoline）

　　蔬果切絲器可以創造出多種切片的樣式，像是薯條狀、蔬菜絲狀、薄紙片狀、鋸齒片狀等。將塑膠壓器固定食材後，往下刨切洋蔥、青椒、薑片等各式食材，也可調整切片厚度及形狀。

蔬菜刨絲機（Spiral vegetable slicer）

　　蔬菜刨絲機和蔬果切片器不太相同的地方，除了可切片、切絲，還可切出連續的螺旋狀。我的蔬菜刨絲機有三個刀片，可以切紅蘿蔔絲、黃瓜絲。用切片刀切櫛瓜（Zucchini），切出來的形狀很像義大利麵條，用來代替義大利麵條。

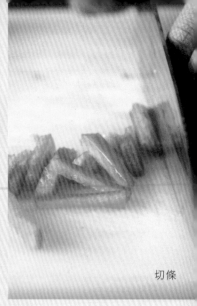

切條

基本刀功

　講到刀工，以我的經驗來說做菜其實只要注意用刀安全，一把好的廚師刀及大的竹砧板就足夠。但如果要讓食物看起來美麗和做菜速度加快，刀功就不能缺少。廚師刀法有無數種，但以下的基本刀功最適合切蔬菜做生機料理。不要求多快，而是求精，只要刀法正確，速度將會慢慢進步。

切塊（Chop）
將蔬菜切成塊狀，盡量切成同一大小。

剁茸（Mince）
將蔬菜切的相當細，通常用來剁碎蒜頭或香草。
快速的將食材切成塊狀後，用另一支手輕的壓住
刀的前端，前後搖動將食材切成細末。

切塊

剁茸

切條（Julienne）
將蔬菜切成像火柴一樣的條狀，盡量切的整齊一致。

切丁 （Dice）
將蔬菜切成一致整齊的條狀後，將條狀蔬菜疊起。
橫向平切，切成 0.5 公分的正方形丁狀。

拔菜

切丁

切絲（Chiffonade）
通常用來切香菜，將香菜疊起，然後捲起。
之後再切成 0.1 公分細絲。

拔菜
將菜葉與根分離，手握尾端，另一手將葉片抽出。

捲菜

切絲

切酪梨

　　我常常吃酪梨，不論酪梨沙拉、果汁，甚至甜點。酪梨是我脂肪攝取的來源。有人常問我，如果要減肥，一杯代糖可樂及酪梨牛奶果汁應該選擇哪一樣？雖然代糖可樂卡路里為 0 卡，酪梨牛奶為 200 卡，但真的要變瘦並要瘦得健康，就該選擇吃酪梨。尤其代糖可樂為工業化學成品，無營養價值，而且碳酸鈣會侵蝕牙齒，對身體沒有益處。酪梨含有豐富的脂肪，大家總認為吃了酪梨會變胖，雖然含油量高而因此熱量高，但食用之後很容易有飽足感，可降低其他食物攝取量，加上膳食纖維量也相當高，有助消化。大家要記住一個重要觀念，減肥一定要攝取適當的脂肪，才能幫助身體新陳代謝。

▼將酪梨切半，用菜刀向籽切入，轉開拔出來，切花紋挖出。

切剖椰子

　　椰子汁是椰樹的果實——椰果的汁液，是一種天然抗氧化劑，幫助身體抵抗自由基損害。椰子水清澈如水，相當甜美。尤其是夏天，椰子水有清涼消暑、生津止渴的功效。一個椰子，大約有 1~1/2 杯的椰子水，內含天然的葡萄糖，所以我打果汁都用椰子水來代替水及糖粉。此外椰子水也含有蛋白質、脂肪、維生素C及鈣、磷、鐵、鉀、鎂、鈉等礦物質，是營養極為豐富的飲料。而椰肉含有豐富的營養素，我會倒出椰子水後把椰肉挖出，將椰肉及椰子水打成汁，就變成香濃好喝的椰奶 。

　　喝椰子汁可以治療中暑、發燒或肌肉水腫，因為椰子水含有豐富的電解質，幫助人體吸收水分，所以只要加 1/2 小匙的海鹽，就可以用來代替運動飲料。購買椰子時要記得問老闆是青椰還是老椰，因為青椰的椰肉才是軟的，適合做椰漿，老椰的汁較甜美，但椰肉較硬，適合做椰乾及甜點。

▼用廚師刀將椰皮削開，然後會看到黃色的椰殼。換中式的大菜刀，將椰子橫放，往椰殼大力切下去。當菜刀切入椰殼後，將椰子放正並慢慢切開殼。先用濾網將椰子水倒進碗盆中，椰子水應該相當清澈透明。若椰子水成紅色或是深紫色，氣味聞起來怪怪的就不要喝。椰子水最好在三天內用完，以保持新鮮度。而椰肉可用大湯匙挖出，我都使用烘焙用的刮匙，將整顆椰肉挖出，像顆空心球。較老的椰肉適合作椰乾或是椰條（代替麵條），而軟的椰肉可用來做椰漿及打果汁。

本書材料份量單位換算表

調味料（辣椒粉／肉桂粉／胡椒粉／海苔粉）
1tsp（一小匙）=1tea spoon（一茶匙）=2g
1tbsp =1table spoon（一大匙）=7.5g

海鹽
1tsp（一小匙）=1tea spoon（一茶匙）=5g
1tbsp =1table spoon（一大匙）=15g

液體、醬料、油脂（水／檸檬汁／椰奶／橄欖油／麻油／蜂蜜／醋／醬油）
一杯 =236ml =236cc =236g
1tsp（一小匙）=1tea spoon（一茶匙）=5g
1tbsp =1table spoon（一大匙）=15g

Chepter 3

裸食瘦身食譜

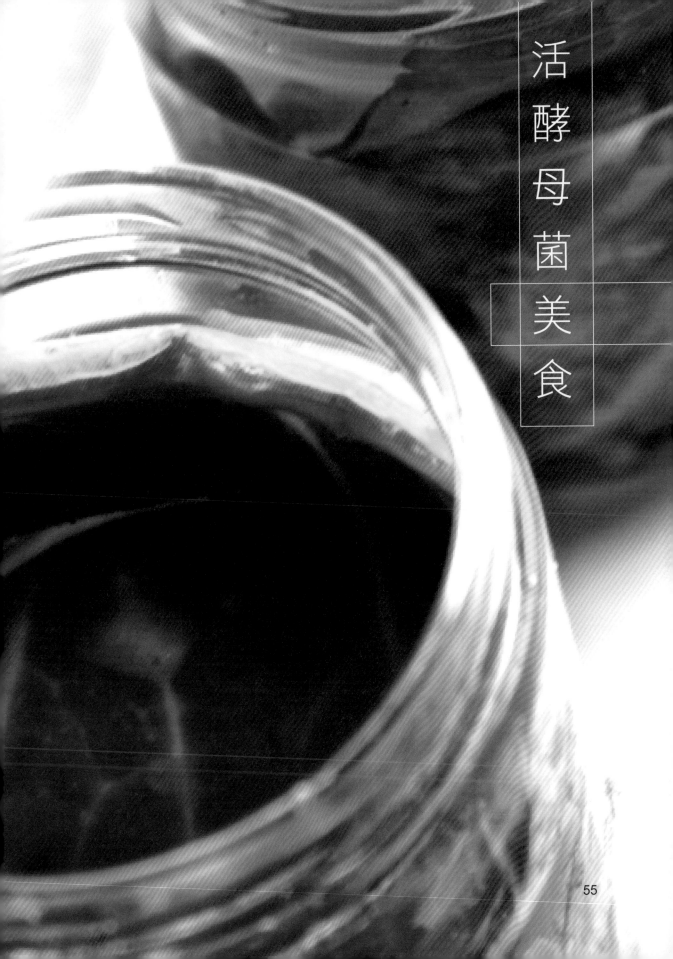

活酵母菌美食

韓式泡菜

　　每天我都會吃三大匙的泡菜，不論是盛一小碟當配菜，或是拌在沙拉或寒天涼麵裡，讓炎熱的夏天，不想吃東西的我，胃口大開。我不會節食或不吃中餐，或拼命抑制午後的飢餓感，因為等到下一餐時反而更容易盡情地吃，吸取的熱量加起來可能等於兩餐或三餐的熱量，是錯誤的減肥法。

　　泡菜是韓國人一日三餐都離不開的食物，吃泡菜對人的身體有好處，是健康減肥的首選食物之一。泡菜除了開胃，更能讓人變瘦的原因是低熱量，具有充分的維生素和礦物質。泡菜中的酸味是因為乳酸菌分解白菜中的糖類而產生乳酸，有促進消化、整腸、改善便秘等作用。

　　泡菜通常使用大白菜、紅辣椒、蒜頭等材料，我常常會混合不同的蔬菜。由於製作泡菜的過程不需要經過任何加熱的烹調方法，所以不易流失蔬菜本身的營養素，尤其是具有抗癌功能的水溶性維生素 B 和 C。如果混合不同類的蔬果，更可增加維生素、礦物質、高鈣質和纖維素。

材料：

- 大白菜 1 顆（切片）
- 紅蘿蔔 1 根（削薄片）
- 洋蔥 1/2 顆（切碎）
- 白蘿蔔 1/2 根（切薄片）

- 蒜頭 3 瓣（磨泥）
- 薑 5 公分（磨泥）
- 海鹽 2 大匙
- 青蔥 3 根

- 蜂蜜 2 大匙
- 辣椒粉 5 大匙

───────────────────── 做 法

1 瓶子消毒。大白菜、紅蘿蔔、洋蔥要洗淨。

2 將大白菜及海鹽混合，用手壓碎 10 分鐘。將擠壓出來的菜汁留在一旁。

3 將剩餘的材料加入大白菜中並混合。

4 將所有材料放進大瓶罐。

5 最後將菜汁倒回瓶中，直到覆蓋住大白菜。不蓋蓋子。

6 將其放置常溫下發酵 3 天，最後放進冰箱冷藏即可。

韓式泡菜辣椒粉

※ 小叮嚀：

發酵罐不可密封，要不然酵母菌無法呼吸發酵。我通常會放大片高麗菜蓋在上面，再用小罐子壓著。

椰奶優格

　　若大家買不到優格酵母菌粉，也可使用優酪乳。優酪乳就是用優格酵母菌粉做成，含豐富的酵母菌，所以有一樣的效果。也可用杏仁豆奶替換椰奶製作優格。

材料：

- 椰肉 4 杯 (946 ml)
- 椰子水適量
- 優格酵母菌粉或稱克弗爾
- 益菌（Kefir）2.5 克

做　法

1 將椰肉加適量椰子水，放進生機調理機打成椰奶。

2 加入優格酵母菌粉。

3 用乾淨的紗布，蓋住瓶口，發酵 10 小時。

4 放進冰箱，可食用 3~5 天。

自製回春水

　　回春水喝起來微酸，若放過久會變得很酸。回春水有豐富的酵母菌，讓你有良好的腸胃，幫助排便，所以會越喝越年輕。

材料：

- 小麥（或裸麥）種籽 2 杯（473ml）
- 水 4 杯（946 ml）
- 玻璃瓶罐（1 公升大小）2 瓶

做 法

1　將種子放進玻璃瓶罐，泡水 8 小時。

2　將水瀝乾，第二天種子就會發芽。（不蓋蓋子）

3　第三天，加水再泡五分鐘，瀝乾。瓶罐斜放 45 度角度。讓空氣流通，才不會發霉。（不蓋蓋子）

4　第四天將種子清洗乾淨，倒入乾淨的食用水。用紗布覆蓋罐口，讓其發酵 2 天。

5　之後將回春水倒出，放進冰箱冷藏。

康普茶（Kombucha）

　　康普茶又叫冬菇茶。其實在古代清朝就已經開始飲用此發酵茶，利用培養活菌發酵，發酵過程中產生對人體有益的酵素、膠質、乳酸、葡萄糖酸和多種維生素，其中也含有百分之五的酒精。這種健康茶飲因為內含高量利於人體的細菌，所以能激發免疫系統，幫助身體排除有毒物質。這幾年歐美非常盛行，大家可照以上方法再行繁殖，將菌母送給親友製作。

材料：

- 清水 12 杯（2839 毫升）
- 糖 1 杯（236 毫升）
- 茶包 4~5 包

- 康普茶（或蘋果醋）1杯（236 毫升）
（第一次使用時可用蘋果醋去培養菌母（Scoby），之後每次製作康普茶時就可以用上一次培養剩下的菌母）

做 法

1　將清水加糖煮滾，攪勻。

2　加茶包，熄火浸泡約 10 分鐘。

3　等涼後，將 1 杯（236ml）康普茶或蘋果醋倒入混合。

4　用紗布蓋住盆口，擺在陰涼地方 1~2 星期後，菌母已產生。

5　將康普茶汁倒出，放進冰箱冷藏。

6　康普茶菌母留下來製作下一次的康普茶。（可以馬上做新的或是放到冷凍庫）

菌母 (Scoby)

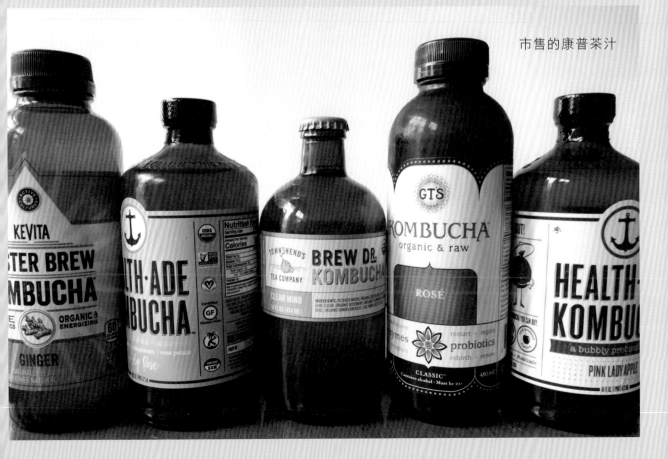

市售的康普茶汁

沙拉及沙拉醬

野菇沙拉

　　食用菇類的多醣體數量，和藥用菇類（如靈芝）一樣多，而且食用香菇對提高身體的免疫力真的有效果，而且高纖低熱量的特色，對想減重的愛美女性有非常好的幫助，多食用可以增加飽足感。

材料：

- 野菇 2 杯（任何一種或混合）
- 香菇 1/4 杯（削薄或刨絲）
- 洋蔥 1/4 顆
- 青蔥 1 大匙（切碎）
- 芹菜 1 大匙（切碎）

醬料：

- 檸檬汁 2 大匙
- 蜂蜜 1 大匙
- 紅辣椒 1 根
- 海鹽 適量

做 法

1 先將香菇泡水 20 分鐘。
2 將所有食材清洗、切碎、削薄片，放入盤中。
3 將醬料混合後，倒入食材盤中。

西瓜青辣椒沙拉

　　其實沙拉的準備工作，大多是將所有食材簡單的切絲、切碎，最後淋上酸甜辣醬汁來增加風味，是非常省時簡單的料理方法。小青辣椒因為過於辛辣常常只是被拿來當作調味的配料，而忘了其實它也是蔬菜的一種，且含有豐富維生素與礦物質，對於愛食辛辣的朋友也都知道辣椒的好處多多。而這道西瓜青辣椒有西瓜的清涼，小辣椒的辛辣，是非常好的沙拉搭配。

材料：

- 紅西瓜及黃西瓜各 1/2 杯（切丁）
- 香菜 3 根（切碎）
- 紅蔥頭 2 顆（切碎）
- 白芝麻粒 1 小匙

醬料：

- 檸檬汁 2 大匙
- 蜂蜜 1 大匙
- 小青辣椒 1 根
- 海鹽 適量

做法

1 先將西瓜切丁，紅蔥頭、香菜切碎。
2 混合醬料。
2 將食材混合，再淋上醬料即可。

鳳梨沙拉

鳳梨醬在製作果醬時會介紹(見87頁)，而海帶片會讓此料理帶點海味，搭配自製鳳梨醬，同時帶來香濃酸甜的果香味。加上漂亮的擺盤，會是宴客中很好的前菜沙拉。

材料：

- 菠菜 3 杯（709 毫升）
- 海帶片 1/4 杯（59 毫升）（泡水膨脹）
- 香菜 4 大匙
- 無花果乾或新鮮無花果 6 顆（切丁）
- 鳳梨 1 杯（切丁）
- 鳳梨 4 大片（當底盤做裝飾）

醬料：

- 自製鳳梨醬 4 大匙
- 檸檬汁 2 大匙
- 蜂蜜 2 大匙
- 海鹽 1/2 小匙
- 椰奶 1 大匙
- 黑芝麻 1 大匙

做法

1 海帶先泡水泡軟。

2 將醬料混合。

3 將食材切絲切碎。

4 除了四大片鳳梨，將所有材料混合，再淋上醬料。

5 最後將食材擺在鳳梨片上 。

木瓜芒果沙拉

　　這道料理是我在夏威夷學的。夏威夷就像台灣一樣，一年四季都盛產木瓜及芒果。小紅蔥頭很提味，而薄荷葉讓此道料理更清爽。

材料：

- 木瓜 4 杯（946 毫升）（切丁）
- 芒果 1 顆（切丁）
- 紅蔥頭 1 顆（切片）
- 薄荷葉 1 大匙（切碎）
- 香菜 1 大匙（切碎）
- 菠菜 4 杯

醬料：

- 檸檬汁 1/2 杯
- 橄欖油 2 大匙
- 海鹽 1/4 小匙
- 紅椒粉（Cayenne Pepper）1/8 小匙

做 法

1 先將醬料混合。
2 將食材切丁、切碎、切片。
3 將所有材料混合，再淋上醬料。

水果沙拉

　　這道料理可做成沙拉，也可做成甜點。在美國我們常用水果做前菜沙拉，製作時也可以省下蜂蜜，因為水果本身就很甜美，可依各人喜好做改變。

材料：

- 無花果 1 杯（切丁）
- 草莓 1 杯（切半）
- 蘋果 1 杯（切片）
- 核桃 1/3 杯
- 櫻桃或葡萄乾 1/3 杯
- 薄荷葉 1/4 杯（切碎）
- 蜂蜜 2 大匙

做 法

1 先將核桃浸泡 8 小時。
2 準備所有食材，切片、切丁。
3 將所有材材混合即可（蜂蜜可省略）

日本海苔沙拉

　　大家可使用任何蔬菜做沙拉底菜，Lulu 使用自種的葵花籽豆芽及苜蓿芽，其嫩葉帶甜味。另外因為海帶及海苔有一定的鹹度，大家可以試著不加海鹽。

材料：

- 乾海帶 1 又 1/2 杯
- 高麗菜 1 杯（切絲）
- 嫩葉（任何綠色蔬菜）1 杯
- 壽司海苔 2 大片（切碎）
- 青蔥 2 大匙（切碎）

醬料：

- 麻油 2 大匙
- 蘋果醋 1 小匙
- 薑母泥 1/4 小匙
- 海鹽 1/8 小匙

做法

1 先將醬料混合。
2 乾海帶先泡水 20 分鐘。
3 將所有材料混合，再淋上醬料即可。

韓國海帶白蘿蔔沙拉

　　這道沙拉酸甜辛辣。白蘿蔔的清脆口感，配上韓國辣椒粉非常開胃，而且白蘿蔔與海帶的熱量都非常低，也容易飽足，加上白蘿蔔與海帶都是對人體健康的好食材。

材料：

- 乾海帶 1 杯
- 白蘿蔔 1/2 杯
- 白芝麻 1/2 大匙

醬料：

- 醬油 2 大匙
- 蜂蜜 3 大匙
- 蘋果醋 2 大匙
- 蒜泥 1 大匙
- 韓國辣椒粉 1/2 大匙
- 麻油 1 大匙

做法

1 乾海帶泡水，白蘿蔔刨絲。

2 再將醬料混合。

2 將所有材料混合，再淋上醬料即可。

泰國青木瓜沙拉

　我非常喜歡青木瓜，但喜歡果肉微粉紅的品種，不但含有相當高的酵素，而且果肉也不會太澀。

材料：

- 青木瓜 2 杯（刨絲）
- 紅蘿蔔 1/2 杯（刨絲）
- 高麗菜 1/2 杯（刨絲）
- 小蕃茄 1/2 杯（刨絲）
- 青豆 1/2 杯（切丁）
- 香菜 1/4 杯
- 杏仁片 2 大匙

醬料：

- 蒜頭 1/2 小匙
- 紅辣椒 1/4 小匙
- 醬油 1 大匙
- 檸檬汁 3 大匙
- 蜂蜜 2 大匙

做法

1 所有蔬菜食材準備好。

2 再將醬料混合。

3 將所有材料混合，再淋上醬料即可。

甜菜根沙拉

　　甜菜根因為營養價值高，近年來很多人非常喜歡把它做為養生湯、精力湯的食材。甜菜根的外型像小菜頭，呈鮮紅色，含有維他命 B12、鐵質以及磷、鉀，吃起來脆脆甜甜。我也常常拿來榨汁喝。

材料：
- 菠菜 6 杯（切段）
- 洋蔥 1/3 杯（切圈）
- 酪梨 2 顆（切塊）
- 甜菜根 1 顆
- 黑芝麻粒 2 小匙

醬料：
- 味噌醬 1 大匙
- 蜂蜜 1 大匙
- 蘋果醋 1 大匙
- 堅果奶 2 大匙
- 亞麻子油 適量

做法
1 先將甜菜根去除外皮後，切丁或切片都可。
2 先將醬料混合。
3 將所有青菜食材混合，再淋上醬料即可。

71

菠菜水梨沙拉

這道菜酸酸甜甜，因為有嫩葉菠菜及又甜又脆的水梨，再加上果乾及核桃，整體的口感及味覺感到相當滿足。有時我會把水梨切成丁，這樣就更受小朋友歡迎。菠菜含大量的胡蘿蔔素、鐵、葉酸及維生素B，可以改善貧血，是我最常用的蔬菜。

材料：
- 菠菜6杯
- 核桃1杯
- 蔓越莓1/2杯
- 紅蔥頭1顆（切片）
- 水梨1顆（切片）

醬料：
- 橄欖油1/2杯
- 烏醋3大匙
- 蜂蜜3大匙
- 肉桂粉1/4小匙
- 海鹽1/4小匙

做法

1. 先將醬料混合。
2. 紅蔥頭、水梨切片。
3. 將所有青菜食材料混合，再淋上醬料即可。

泰國青豆沙拉

　　四季豆是很家常的一道綠色蔬菜，因為清脆的口感，很多人喜愛。其實四季豆對我們的皮膚與頭髮很好，常食用可以提高肌膚的新陳代謝，促進機體排毒，讓皮膚保持年輕狀態。

材料：

- 四季豆 4 杯（斜切）
- 蕃茄 1 杯（切丁）
- 洋蔥 1/2 杯（切丁）
- 蒜頭 2 瓣
- 薑母 拇指大
- 紅辣椒 1 根
- 檸檬汁 1/4 杯
- 蜂蜜 1 大匙
- 海鹽 1 小匙
- 生花生 2 大匙

做法

1 先將四季豆斜切成小段、蕃茄切丁及洋蔥切丁，混合。
2 將蒜頭、薑母及紅辣椒打成碎泥。
3 混合檸檬汁、蜂蜜及海鹽。
4 將生花生切碎或打碎。
5 將所有食材和醬汁混合。

早餐

吐司麵包

　　這道吐司麵包相當柔軟，並含有豐富的蔬菜及水果等不同的營養成分，很適合挑食的小朋友食用。

材料：

- 杏仁 2 杯（浸泡 8 小時）
- 葵花籽 1 杯（浸泡 8 小時）
- 亞麻仁籽 1 杯（浸泡 8 小時）
- 櫛瓜菜泥 1 杯
- 紅蘿蔔 2 根
- 蘋果 1 個
- 葡萄乾 1 杯
- 黑蜜棗 4 顆（浸泡軟化）
- 水 1/2 杯
- 肉桂粉 1 小匙

做法

1 將葵花籽放進食物調理機打碎。

2 將杏仁放進食物調理機打碎。

3 做法 1 和 2 添加亞麻仁籽，攪拌結合。

4 將紅蘿蔔和蘋果放進食物調理機打成泥。

5 另外將櫛瓜放進食物調理機打成泥。

6 將黑蜜棗放進食物調理機，加入半杯水，打成漿。

7 做法 5 和 6 加入紅蘿蔔和蘋果糊中拌勻。

8 將所有材料混合，抹在食物風乾機盤上，糊漿至 1/4 吋（約 0.6 公分）厚度。

9 放進食物風乾機以 62 度 C（145 度 F），脫水 1 小時。

10 將加熱溫度降低至 47 度 C（116 度 F），並繼續脫水 2 小時。

11 將吐司麵包換面，放到風乾機網上並繼續脫水 4~6 小時。

12 可加抹醬和莓果類一起食用。

司康

　　燕麥的蛋白質是白米的一倍多，含有豐富的脂肪酸、維生素、礦物質，其維生素 A 的含量為穀類糧食之首。同時燕麥有良好的纖維質，幫助排便。可以降低膽固醇，減低心血管疾病及中風的機率，還可增強人體免疫系統。我相當喜歡蔓越莓及橘味的組合，吃起來不但香甜也很清爽。而燕麥籽相當有嚼勁，適合配豆奶當早餐，也很適合當下午茶甜點。

材料：

- 燕麥籽（Oat Groat）1 又 1/2 杯（浸泡水 8~12 小時發芽，泡水後約 2 杯滿 ）
- 黑蜜棗（Medjool date)3/4 杯
- 橘子皮或橘子精 1 小匙
- 蔓越莓 1/2 杯
- 核桃 1/2 杯

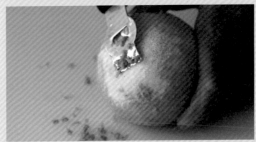

做　法

1　將燕麥籽放進生機調理機打成黏稠狀。
2　加入黑蜜棗及橘子皮，攪打成糰狀，取出並倒入碗盆中，加入蔓越莓及核桃。
3　將燕麥糰擀平，並切成圓形，放進食物風乾機，以脫水 43 度 C 烘乾 5~6 小時即可。

杏仁奶醬

　　杏仁是我最常食用的堅果了，高蛋白又高纖維。常常聽大家不敢吃很多堅果，怕熱量高。杏仁有好的脂肪，不但吃了有飽足感，而且對心臟有益，如果你是乳酪起司的愛好者，試試這道植物性奶醬。小朋友也會喜歡。

材料：

- 杏仁 1 杯
- 水 1/2 杯
- 蜂蜜 2 大匙
- 香草精 1 大匙

做 法

1 先將杏仁浸泡水 8 小時。

2 將泡水後的杏仁放進食物調理機內打成泥。

3 將剩餘的材料放進食物調理機內攪拌 30 秒鐘即可。

※ 小叮嚀：

冰箱冷藏 3~4 天，冷凍可放 2 星期，食用前解凍。

杏仁奶

　　在美國工作時，我的同事都很努力戒吃乳製品來減肥。他們相當好奇及忌妒我天天喝奶，天天吃起司（杏仁奶醬）沒有變胖，反而越來越瘦。其實我喝的不是動物奶（酸性食材），是杏仁植物奶、堅果奶（鹼性食材）。杏仁奶不僅含有較高的蛋白質，並且含較多的纖維，可以減少飢餓感（對控制體重很有益）。一把杏仁所含的膳食纖維與一個橙子或蘋果相似。

　　杏仁奶不但熱量低，不含膽固醇，而且含有相當多的不飽和脂肪酸，可以降低低密度脂蛋白。對於心臟的整體健康相當良好，減少心血管患病的危險。杏仁同樣富含纖維，可幫助腸道健康，並能減少腸道癌的患病危險。

無糖材料：
- 生杏仁 1 杯
- 水 4 杯

低糖材料：
- 生杏仁 1 杯（浸泡 8 小時）
- 水 4 杯
- 蜜棗 2 顆
- 香草精 1 大匙
- 海鹽 1/8 小匙

做法
1. 先將生的杏仁浸泡 8 小時。
2. 將所有材料放進料理機打成汁。
3. 用濾網或濾袋將汁濾出即可。

夏天盛產超多的水果，桑葚是我必吃的水果之一。桑葚醬很好做，花不到 5 分鐘的時間。你可以用草莓、藍莓或是水蜜桃等水果替換。

材料：

- 桑葚 1/2 杯
- 黑蜜棗 1/4 杯
- 蜂蜜 1/4 杯
- 水 1/4 杯

做 法

1 將桑葚先清洗乾淨。
2 再將所有材料放進食物調理機，打成泥醬即可。

※ 小叮嚀：
果醬可以沾麵包或是放在冰淇淋上。冰箱冷藏可放一星期。

椰奶醬

　　椰子含有椰子水及椰肉。椰子水有豐富的電解質,可以直接喝,具有滋補及清暑解渴的功效。而椰肉也可以生吃。曬乾的椰肉是提煉椰油的原料,椰油比一般食用油還好,你會發現我有很多食譜都使用椰油。有時候會拿椰油抹身體,比其它化工乳液還要天然。

材料:

- 椰子絲 3/4 杯
- 腰果 3/4 杯
- 水 3/4 杯
- 椰子油 1/4 杯又 2 大匙
- 蜂蜜 1/4 杯又 2 大匙

做法

1 將椰子絲打成粉狀。

2 將腰果打成粉狀。

3 再將所有材料放進食物調理機,打成泥醬即可。

※ 小叮嚀:
果醬可以沾麵包或是放在冰淇淋上。冰箱冷藏可放一星期。

豆腐蛋

　　這道料理相當好準備。平常要是有時間，我會做生機豆腐 ，如果沒時間，就會去超市買有機豆腐。雖然並非生食，但相當方便。有時也會稍微加熱，吃起來的口感真的很像吃炒蛋。

材料：

- 豆腐 1 份
- 薑黃粉（Turmeric）1/4 小匙
- 醬油 1 小匙
- 啤酒酵母粉 2 小匙
- 黑胡椒粉 適當

有機豆腐　　　　　　　　啤酒酵母粉

做 法

1 先將豆腐稍微弄碎 。
2 將所有材料攪拌混合即可。

蔥油椰餅

蔥油餅是我小時候最愛吃的早餐了,到美國這麼多年,至今還是很懷念。這道蔥油椰餅又香又甜,厚度可以依自己的喜好改變。你可以夾不炒蛋來吃,更有飽足感。

餡料:
- 青蔥 1 杯(切碎)
- 海鹽 1/2 小匙
- 白胡椒粉 1/8 小匙

椰餅材料:
- 椰肉 4 杯(約 5 顆)(切碎)
- 海鹽 1/2 小匙
- 椰子水 1 杯

醬料:
- 醬油 1/4 杯
- 蘋果醋 3 大匙
- 麻油 1 大匙
- 辣椒粉 1 大匙
- 青蔥 1 大匙(切碎)
- 大蒜 1 大匙(切碎)

做 法

1. 將青蔥、海鹽及白胡椒粉混合,醃製 10 分鐘。
2. 將椰肉、海鹽及椰子水,放進料理機打成糊。
3. 將餡料、椰餅糊混合,放進食物風乾機以 40 度 C(104 度 F),風乾 4~6 小時即可。
4. 將醬料混合。蔥油椰餅沾醬料食用。

我要是早上吃這道甜飯糰，通常吃幾口就很飽，然後留到中午繼續吃。食材可做不同的替換，像無花果乾可用葡萄乾代替。

材料：

- 野米 240 克
- 無花果乾 8 個（切半）
- 蘿蔔乾 1/2 杯（切丁）
- 蘆筍 4 條
- 腰果 20 顆
- 花生糖粉（50% 花生粉和 50% 糖粉混合）

做 法

1 將野米浸泡 8~24 小時，直到發芽開花。

2 瀝乾水分。

3 將野米鋪平，放入剩餘的食材無花果乾、蘿蔔乾、蘆筍、腰果及花生糖粉包起即可。

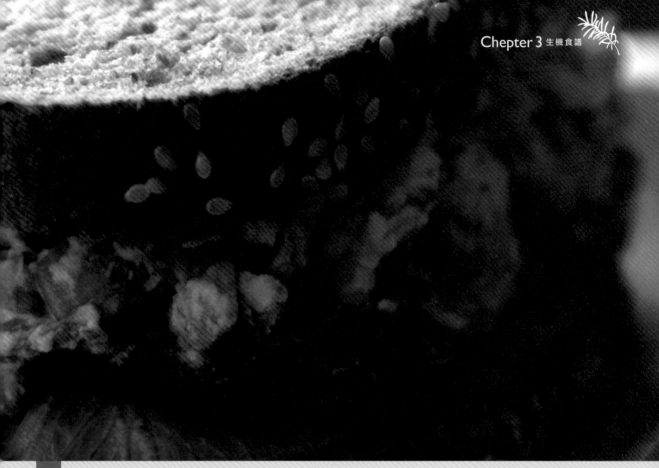

鮪魚醬

　　這道沒有鮪魚的鮪魚醬，吃起來很有海鮮味，祕密就是海藻粉（Kelp Powder）。海藻粉有豐富的礦物質、碘、鈣及鐵，而且有點鹹味。我吃沙拉時常常會灑入海藻粉調味。海藻粉可在生機飲食店購買，也可以將昆布乾放進食物調理機打成粉。

材料：

- 葵花籽 2 杯（浸泡至少 8 個小時）
- 海藻粉（Kelp Powder）1 大匙（先用檸檬汁或蘋果醋沾溼）
- 大蒜 1 瓣
- 檸檬汁 1 小匙
- 蘋果醋 1 小匙
- 百里香（thyme）1 小匙
- 海鹽 1/2 小匙

另添加材料：

- 芹菜 1 根（切碎）
- 洋蔥 1/4 顆（切碎）
- 香菜 2 大匙（切碎）
- 生泡菜 2 大匙（切碎）
- 蘋果 1/4 顆（切碎）

海藻粉

做 法

1 將葵花籽、海藻粉、大蒜、檸檬汁、蘋果醋、百里香及海鹽放進食物調理機，打成泥。

2 另添加芹菜、洋蔥、香菜、生泡菜及蘋果，混合均勻即可。

鳳梨醬

　　鳳梨富含的維他命 B1，而維他命 B1 是人體消除疲勞的重要的營養素。再來鳳梨裡有豐富的蛋白分解酵素，這種強力的蛋白分解酵素，能幫助肉類被消化，所以對體內的消化吸收非常有幫助，並能增進食慾，是我夏天必吃的水果。

材料：

• 鳳梨 1 又 1/2（切塊）
• 蜂蜜 2 大匙

做 法

1 將鳳梨及蜂蜜放進生食物調理機，打成泥醬。

※ 小叮嚀：
果醬可以沾麵包或是放在冰淇淋上。冰箱冷藏可放一星期。

湯

蕃茄奶濃湯

　　蕃茄奶濃湯相當好做，材料簡單，只要放進料理機，不用 30 秒就完成。堅果奶讓湯頭更香濃，而且順口，很下胃。有時感冒或沒胃口時，做這道湯來填飽肚子，營養又能增加體力。

材料：

- 蕃茄（去籽挖空）6 杯
- 海鹽 1 小匙
- 堅果奶 1 又 1/2 杯
- 蒜頭 1/2 小匙（切碎）
- 九層塔 1/4 杯
- 橄欖油 2 大匙
- 蜂蜜 1 大匙

做 法

1 將蕃茄、堅果奶、九層塔、蜂蜜、海鹽及蒜頭放進生機調理機打成泥。
2 慢慢地將橄欖油加入攪拌的生機調理機內拌勻即可。

南瓜濃湯

南瓜濃湯相當濃稠，酪梨讓湯頭更滑順。南瓜是秋冬盛產的水果，營養價值極高。每到 10 月左右，超市會開始出現各式的南瓜。而我最常打南瓜牛奶當早餐喝，隨時給足營養。

材料：

- 紅蘿蔔汁 3 杯（現榨）
- 南瓜（切丁）3/4 杯
- 韭菜（切片）1/4 杯
- 百里香（Thyme）1/4 小匙
- 海鹽 3/4 小匙
- 酪梨 3/4 顆
- 黑胡椒粉 適量

堅果奶醬材料：

- 松子 1 杯（浸泡 8 小時）
- 水 1/4 杯
- 檸檬汁 2 大匙
- 海鹽 1/4 小匙
- 白胡椒粉 適量

做 法

1 將堅果奶醬材料放進食物調理機打成泥。

2 將紅蘿蔔汁、南瓜、韭菜、百里香、海鹽、酪梨及黑胡椒粉打成濃湯。

3 最後將堅果奶醬加入濃湯裡即可。

味噌湯

記得小時後吃壽司都會喝味噌湯。味噌醬其實對人體很好，因為味噌是發酵的食品，就像泡菜或優格，含豐富的酵母菌，可幫助腸胃吸收。你也可去除所有蔬菜，改用切塊豆腐，就是味噌豆腐湯。

湯頭材料：

- 味噌醬 3 大匙
- 水 3 杯
- 橄欖油 2 大匙
- 蒜頭1小匙(切碎)

蔬菜：

- 豆芽 1 杯（切碎）
- 菠菜 2 杯（切碎）
- 橄欖油 2 大匙
- 青蔥 2 大匙（切碎）

做 法

1 先用橄欖油將豆芽及菠菜醃漬軟化。

2 之後再與湯頭混合，最後灑上青蔥即可。

韓式香菇濃湯

市面上有各式各樣的香菇種類，吃起來口感大致相同，但味道有時會不一樣，大家不妨試試用不同的香菇做替換，會找到自己最喜歡的口味。

材料：

- 香菇 4 個（切片）
- 蘑菇 6 個（切片）
- 金針菇 1 把
- 醬油 1/4 杯
- 麻油 2 大匙
- 黑芝麻粒適量

湯頭材料：

- 水 3 杯
- 芝麻醬 1/2 杯
- 蜂蜜 2 大匙

做法

1 將切片後的香菇、蘑菇、金針菇用醬油及麻油醃漬。

2 將湯頭材料混合均勻，再加入香菇、蘑菇、金針菇。

3 最後灑入黑芝麻粒。

日式海帶湯

　　海帶（海菜）的好處很多，含有豐富的營養素及礦物質。我建議用新鮮的海菜，尤其臺灣海島海鮮多，新鮮海菜也都買得到。如果像我在美國不方便取得，用烘乾過的裙帶菜乾泡水也行。

材料：

- 香菇 2 杯（切片）
- 洋蔥 1/4 杯（切絲）
- 白蘿蔔（切丁）
- 醬油 1/2 杯
- 黑胡椒粉 適量

湯頭材料：

- 水 5 杯
- 裙帶菜 1/2 杯
- 蜂蜜 2 大匙

做法

1 香菇、洋蔥、白蘿蔔用醬油醃漬 20 分鐘。

2 將湯頭材料混合 20 分鐘，直到裙帶菜泡開。

3 最後將所有材料混合即可。

酸辣濃湯

　　這道酸辣濃湯以椰奶做湯底，和一般的酸辣湯不太相同。這道料理是我在泰國學的，使用檸檬香茅讓湯頭更清爽。

材料：

- 香菇（任何一種或混合）1 杯（切片）
- 現榨檸檬汁 1 大匙
- 橄欖油 1 大匙
- 蕃茄 1 顆（切丁）
- 紅蘿蔔1/4 杯(削薄片)
- 碗豆 1/2 杯（切碎）

湯頭材料：

- 椰肉 2 杯
- 蒜頭1小匙(切碎)
- 檸檬香茅 2 大匙
- 紅辣椒1/2小匙或 1 小匙（切碎）
- 海鹽 1 小匙
- 水 4 杯

做 法

1 將香菇淋上檸檬汁，並加上橄欖油醃漬。
2 將湯頭材料放進食物調理機打成濃湯。
3 最後加入香菇、蕃茄、紅蘿蔔及碗豆即可。

椰奶濃湯

　　這是一道酸甜又帶點辣味的湯，其中使用椰肉及其他原料打成濃湯可緩和辣味，是非常南洋口味的料理。檸檬香茅（lemongrass）氣味清爽，因為含有與檸檬皮上一樣的精油，所以吃起來有檸檬香，可以除蟲，也可緩解月經痛的功能。

材料：

- 椰肉 2 杯
- 水 4 又 1/2 杯
- 檸檬汁 1/2 杯
- 檸檬香茅 1/4 杯
- 蜂蜜 2 大匙
- 紅辣椒 1 根
- 海鹽 1 又 1/2 小匙
- 薑泥 1 小匙
- 小白菜 1 杯
- 紅蘿蔔 1 杯（切絲）
- 蕃茄 1 杯（切丁）
- 香菜 2 大匙（切碎）

做 法

1 將椰肉、水、檸檬汁、檸檬香茅、蜂蜜、紅辣椒、海鹽、薑泥放進食物調理機打成濃湯。

2 最後將小白菜、紅蘿蔔、蕃茄及香菜加入濃湯裡即可。

木瓜濃湯

　　Lulu 使用熟木瓜做此道料理，因為熟木瓜香甜又柔軟。但你也可以使用青木瓜，口感較脆。若用青木瓜，我喜歡刨絲來食用。

材料：

- 椰肉 2 杯
- 蒜頭（切碎）1 小匙
- 檸檬香茅 (lemongrass) 2 大匙
- 椰油 1/3 杯
- 海鹽 1 小匙
- 水 4 杯

添加配菜：

- 木瓜（切丁）2 杯
- 香菜 2 大匙（切碎）

檸檬香茅

做 法

1 將椰肉、蒜頭、檸檬香茅、椰油、海鹽及水放進生機調理機打成濃湯。

2 將木瓜丁及香菜末添加在湯裡。

小菜

冰鎮洋蔥

　　吃洋蔥好處多，除了洋蔥本身相當甜美外，能刺激胃、腸及消化腺分泌，增進食慾，促進消化，降血壓、血糖，有天然抗癌物質，能消除體內的自由基。尤其生吃洋蔥更可以預防感冒。這道小菜步驟非常簡單易做。

材料：

- 洋蔥 2 顆（紅洋蔥或白洋蔥皆可）
- 海藻粉（Kelp powder）（或海苔片）3 大匙
- 青蔥 1 小匙
- 醬油 2 大匙
- 蜂蜜 2 大匙

做 法

1 將洋蔥切絲，青蔥切碎。
2 將所有材料與醬料混合即可。

海藻粉

芥末西瓜白

　　我們常將西瓜皮丟棄，但其實西瓜皮有很多功能，其營養價值就像果肉一樣高，去除了大量糖分，且含豐富的電解質，幫助人體吸收水分，並幫助利尿。我也會拿西瓜皮榨汁或敷臉，從不浪費西瓜皮。

材料：

- 西瓜皮 3 杯（切絲）
- 芥末醬 1 小匙
- 海鹽 1 小匙
- 糖 2 小匙
- 醬油 2 大匙
- 海苔粉 2 大匙
- 青蔥 2 大匙
- 枸杞 2 大匙

做　法

1　將西瓜絲用海鹽及糖醃漬。

2　西瓜絲自然脫水，將水倒出並擠乾多餘水分。

3　加入芥茉醬拌勻，最後淋上醬油，灑入海苔粉、枸杞及青蔥。

涼拌山藥絲

大家對山藥並不陌生，其營養豐富，自古以來就被視為物美價廉的補品。這是我和日本朋友學的料理， 七味粉很開胃，是很好吃的簡單配菜。

材料：

- 山藥 2 杯（去皮刨絲）
- 青蔥 2 大匙
- 七味粉 2 小匙
- 醬油 2 大匙
- 蜂蜜 2 大匙

七味粉

做 法

1 山藥絲先用冷水清洗 2~3 次。
2 將剩餘的材料混合即可。

梅漬苦瓜

　　這是另一道懶人料理，簡單料理又好吃。苦瓜可以生吃，也可以熟食，就中醫角度，苦瓜具有清熱去火、清心明目的作用。苦瓜加熱後，會損失一部分的營養，但味道沒有生吃那麼苦。如果怕味道過苦，Lulu 建議大家可以稍微汆燙。

材料：

- 苦瓜 1/2 顆
- 加州梅醬 4 大匙

做 法

1 可選擇先汆燙苦瓜與否。

2 將加州梅切碎混梅汁。

3 將苦瓜與加州梅醬拌勻，醃漬
　 4 小時即可 。

冰鎮蓮藕

蓮藕在飲食上最常被料理的方式是蓮藕排骨湯。因為蓮藕生食會有些土味，所以建議做這道冰鎮蓮藕時可以稍微汆燙一下。蓮藕因為富含膳食纖維及黏蛋白，可以促進腸蠕動，且熱量不高，能控制體重。蓮藕的含鐵量較高，對缺乏鐵質的女性非常適合。將此道料理冰鎮過一天更好吃。

材料：

- 蓮藕 2 杯（切片）
- 紅辣椒 1 根（切碎）
- 嫩薑 1 小匙（磨泥）
- 香菜 2 小匙（切碎）
- 辣油 1 小匙
- 海鹽 1 小匙
- 蜂蜜 2 大匙

做法

1. 先將蓮藕洗淨切片，香菜切碎，嫩薑磨泥。
2. 將所有材料與醬料混合一起即可。

香菇蓮藕沙拉

香菇蓮藕沙拉有香菇的軟勁及蓮藕的清脆口感，酸甜帶著辣勁，加上九層塔與香菜的香氣，真的很好吃。

材料：

- 香菇 2 杯（切碎）
- 蜂蜜 2 大匙
- 檸檬汁 4 大匙
- 蓮藕 1/2 杯（切片）
- 紅蔥頭 2 顆（切碎）
- 花生 2 大匙
- 九層塔 1/4 杯（切碎）
- 海鹽 1/2 小匙
- 紅辣椒 2 小匙（切碎）

做法

1 先用檸檬汁與蜂蜜醃漬香菇。
2 將所有其它材料洗淨、切片、切碎。
3 再把所有材料與調味料混合均勻即可。

涼拌蒲瓜

糖、鹽、檸檬汁為基本涼拌醬料。大家不妨替換不同的瓜類，像西瓜皮或青木瓜等。

材料：

• 蒲瓜 2 杯
　（去皮刨絲）

• 糖 2 大匙

• 海鹽 1 小匙

• 檸檬汁 2 大匙

做 法

1 將蒲瓜去皮刨絲。

2 將所有材料混合，再放進冰箱即可。

不炒高麗菜

　　高麗菜帶甜味，又有豐富的水分，能防心血管疾病，抗大腸癌，低卡又健康。價格合理，是我很常使用的食材。台灣一年四季生產，有時幾十元就能買到一顆，我稱它為廉價超級食物。

材料：

- 高麗菜 1 顆（切絲）
- 青蔥 5 根（切碎）
- 紅辣椒 4 根（切碎）
- 黃椒 2 顆（切條）
- 紅蘿蔔 1 根（削絲）

醬料：

- 橄欖油 1/3 杯
- 蘋果醋 1/3 杯
- 蜂蜜 1/4 杯
- 海鹽 2 小匙

做 法

1. 先將所有青菜切絲、切條或切碎。
2. 再將醬料攪拌混合。
3. 把食材與醬料混合拌勻即可放進冰箱。

106

韓式脆瓜

現在一般超市都購買得到韓式辣椒粉。如果買不到，可用一般的辣椒醬或是生辣椒代替。

材料：

- 小黃瓜 2 根（切片）
- 海鹽 2 大匙
- 蒜頭 2 瓣（切碎）
- 青蔥 2 根（切碎）
- 韓式辣椒粉 1 大匙
- 蜂蜜 1 小匙
- 麻油 1 大匙
- 白芝麻 1/2 大匙

做 法

1 先將小黃瓜、蒜頭與青蔥切片或切碎。

2 把所有食材混合即可。

檸檬白蘿蔔

　　醃漬酸白蘿蔔是 Lulu 餐桌上經常出現的一道小菜冷盤。因為白蘿蔔富含芥子油和膳食纖維，生吃可以促進消化，其辛辣的成分可增加胃液分泌，調整腸胃機能，增加腸胃蠕動，提高食慾。尤其檸檬白蘿蔔對消化不良或便祕的朋友們是很好的一道菜。

材料：

- 白蘿蔔 2 杯（削片）
- 海鹽 1 大匙

醬料：

- 麻油 1 小匙
- 蜂蜜 1 大匙
- 蘋果醋 1 大匙
- 檸檬汁 1/3 杯
- 蒜頭 1/2 小匙
- 檸檬皮 1/2 小匙

做法

1 先將白蘿蔔削皮，切成薄片，加入海鹽醃漬出水。

2 將醬料混合。

3 將食材與醬料混合，醃漬 30 分鐘以上即可。

主　餐

主 餐 米 飯
主 餐 麵 食
主 餐 咖 哩
主 餐 配 菜

主餐米飯

五穀胚芽米飯

雖然這道五穀胚芽米不是生食，但營養價值還是很高。因為每種米含有各種豐富的營養素，尤其五穀米經過 24 小時發芽，營養價值最高，雖然蒸熟後的酵素已經流失，但還是保有豐富的營養素。很適合剛開始生機飲食的朋友、老人及小朋友。我很鼓勵大家可更換不同的五穀雜糧，或是自創搭配十穀米、二十穀米。

材料：

• 紫米 1/4 杯（60 毫升）
• 小米 1/4 杯（60 毫升）
• 小麥 1/4 杯（60 毫升）
• 薏仁 1/4 杯（60 毫升）
• 蓮子 1/4 杯（60 毫升）

做法

1 將所有材料混合，浸泡 24 小時，每 8 小時換水，隔天五穀米將會發芽。
2 放進飯鍋，加入 3 杯水（709 毫升）蒸熟即可。

野米飯

野米其實並不是米,而是一種野生草的種子,生長於湖泊或淺水沼澤之地。野米種子黑硬細長,經過 3 天浸泡後,種子輕微裂開發芽,口感外韌內軟,完全像是煮過的熟米,而且帶有香味。野米是最有營養的五穀雜糧,除了高纖、高蛋白質,且含豐富的維他命 B 群、鉀和鎂。而豐富的鋅含量,讓它成為抗癌及抗壓的超級食物。

材料:

- 野米 1 杯
- 水 2 杯(開水)

做法

1 將野米浸泡水 2~3 天,直到開花發芽。每天至少換 2 次水。

2 1 杯野米開花發芽後,可產出 1 杯半的量。可冰箱冷藏 3 天,隨時可食用。

腰果白蘿蔔飯

　　此道米飯放進料理機中不可過度打碎，要不然會變成白蘿蔔泥。可代替白飯，很適合做壽司。可冰箱冷藏 3 天。

材料：

- 生腰果 1 杯
- 海鹽 1/2 小匙
- 白蘿蔔 3 杯

做法

1 將生腰果及海鹽放進食物調理機，打成小碎粒。
2 加入白蘿蔔，繼續打成米粒大小，即可食用。

鳳梨炒飯

　　台灣的鳳梨最甜美了，除了當甜點，更可以拿來做菜。記得小時候到餐館吃飯才有機會吃到這道帶著咖哩香味和酸甜鳳梨味的泰式鳳梨炒飯，將炒飯放入鳳梨盅更受小朋友喜愛！

材料：

- 野米 1 杯（浸泡發芽）
- 洋蔥 1/2 顆（切丁）
- 紅甜椒 1 顆（切丁）
- 青甜椒 1 顆（切丁）
- 葡萄乾 1/4 杯
- 鳳梨 1/2 杯（切丁）

- 香菜 1/4 杯（切碎）
- 青豆 1/2 杯
- 腰果 1/4 杯
- 青蔥 2 根（切碎）
- 大蒜 2 瓣（磨泥）

- 醬油 1 大匙
- 鳳梨汁 1/4 杯
- 椰奶 1/2 杯
- 咖哩粉 1 大匙
- 蜂蜜 1 大匙

做 法

1 先將所有食材與配料處理好。

2 將鳳梨汁、椰奶、蒜泥、醬油、咖哩粉、蜂蜜混合攪拌成醬汁。

2 將所有食材混合成鳳梨飯。

3 將醬汁及鳳梨飯混合均勻，冰箱冷藏1 天。

白花椰菜飯

　　利用白花椰菜當作米飯是最近非常流行的主食。口感相當鬆軟，很適合作任何炒飯料理。如果加入咖哩粉，即成咖哩炒飯。

材料：

- 白花椰菜 1 顆（將根部切掉，只留白椰花，切塊）
- 紅蔥頭半顆（切丁）
- 大蒜 2 瓣（切碎）
- 檸檬皮 1 顆

- 薑泥 2 小匙
- 香菜 1/4 杯（切碎）
- 紅甜椒 1/2 顆（切丁）
- 芹菜 1/2 根（切丁）
- 醬油 2~3 大匙
- 青蔥 2 根（切碎）
- 麻油 1 大匙

做 法

1 將白花椰菜放進食物調理機打碎，不要過度攪拌，要不然會成泥狀。

2 將剩餘的食材混合，冰箱冷藏 1 天。

我用腰果白蘿蔔飯當做壽司米，因為相當黏稠，有點像糯米，但也可以用野米或其他米代替。每當美國朋友來我家吃飯，最常做的料理就是「壽司餐」，因為做出來後擺盤很漂亮，最重要的是這道菜相當健康營養，女生朋友都吃的開心又沒有罪惡感。我這道壽司餐是用高營養、低油、低脂肪的蔬菜做的，補充多種礦物質、維生素的同時，也降低熱量的攝取。

海苔本身的營養很高，充分攝取了海水中的精華，如蛋白質、礦物質，維生素的含量也超級豐富。而且海苔的脂肪含量低，只佔全部營養成分的百分之一，而不飽和脂肪酸 EPA 的含量就佔了百分之五十二，有利於神經系統發育。再加上海苔也含大量人體必需的礦物質和維生素，長期食用能改善微循環，增加免疫力、延緩衰老、減少癌症和心血管疾病的發病率。壽司中的餡料都是高纖維蔬菜，吃了會胖的人就真的要去看醫生了，應該要檢查新陳代謝是否有問題。

材料：

- 壽司海苔片 4 片
- 腰果白蘿蔔飯 2 杯（做法請參考第 113 頁）
- 紅蘿蔔絲 1/4 杯
- 酪梨 1 顆（切條）
- 大黃瓜 1/2 杯（切條）
- 薑片 適量

做 法

1. 海苔片放在竹捲上，腰果白蘿蔔飯鋪平在海苔上，再加上紅蘿蔔絲、酪梨條、大黃瓜條、薑片等餡料。
2. 海苔邊角沾水，捲了之後黏的比較牢。
3. 捲的時候，雙手壓緊第一圈，再往前推進即可。

馬來西亞紅咖哩炒飯

　　台灣有黃咖哩，其他東南亞國家更有青醬及紅醬。近期因為生機飲食盛行，美國人也開始用白花椰菜飯代替米飯，熱量低又有清脆的口感，很受我家小孩的喜愛。

材料：

- 白花椰菜 1 顆（將根部切掉，只留白椰花，切塊）
- 紅蔥頭 2 瓣（切丁）
- 鳳梨 1/2 杯（切丁）
- 青豆 1/2 杯
- 大黃豆 1/4 杯
- 青蔥 2 根（切碎）
- 大蒜 2 瓣（磨泥）
- 紅辣椒 2 根（切碎）
- 香菜 1/4 杯（切碎）
- 醬油 2 大匙
- 紅咖哩醬 1 大匙
- 蜂蜜 1 大匙
- 花生 1/4 杯
- 葡萄乾 1/4 杯

做法

1. 將白花椰菜放進料理機打碎，不要過度攪拌，要不然會成泥狀。
2. 將醬油、蒜泥、紅咖哩醬及蜂蜜混合成醬料。
3. 將剩餘的食材混合，淋上醬料即可，冰箱冷藏 1 天。

韓國拌飯

　　韓國石鍋拌飯，底部有香脆的鍋巴。我們雖然沒有韓式石鍋，但腰果白蘿蔔飯又軟又脆，也有點像鍋巴飯。將不同的食材加入飯裡，喜歡還可以加點辣醬，可口又開胃。

材料：

- 腰果白蘿蔔飯 1 杯（做法請參考第 113 頁）
- 豆腐蛋 2 大匙（做法請參考第 82 頁）
- 紅蘿蔔 1 小根（削片）
- 韓式脆瓜 2 大匙
- 白蘿蔔 2 大匙
- 冰鎮洋蔥 2 大匙
- 菠菜 2 大匙
- 香菇 2 大匙（切片）
- 醬油 2 大匙
- 黑芝麻 1 小匙

做　法

1. 香菇淋上醬油醃漬 3 小時。
2. 盛上腰果白蘿蔔飯，再放上所有配菜。
3. 最後灑上黑芝麻即可。

主 餐 麵 食

越南河粉

越南河粉的特色就是採用大量的新鮮香料，湯裡會加入新鮮胡荽葉、薄荷葉及九層塔，再加上魚露、檸檬汁及紅辣椒。我在這道食譜中沒有加入魚露，建議喜歡鮮味的朋友可以加點海藻粉提味。

材料：

- 米粉 1 把（1 人分量，溫水泡軟）水 1 杯
- 豆芽菜 1/2 杯
- 香菇 2 瓣（切片）
- 花椰菜 1/4 杯
- 辣椒 1 根（切碎）
- 胡荽葉 1/4 杯（切碎）
- 薄荷葉 1/4 杯（切碎）
- 九層塔 1/4 杯（切碎）
- 青蔥 1 根（切碎）
- 檸檬半顆（榨汁）
- 蒜頭 1 瓣（磨泥）
- 醬油 2 大匙
- 麻油 1 小匙
- 蜂蜜 1 大匙
- 水 1 杯
- 海藻粉適量

做 法

1 將米粉加入溫水浸泡至軟。
2 先將所有食材處理好。
3 將水、醬油、蜂蜜、蒜泥、檸檬汁及麻油混合成湯底。
4 將米粉和湯底及剩餘的食材混合即可。

台式涼麵

　　綠皮白肉的夏南瓜又名櫛瓜（zucchini），雖然不常見，但現在越來越多農場開始種植，很適合在高山上生長。櫛瓜在美國是夏天收採，而在台灣十月的早秋正是收成的季節，顏色鮮艷可愛，口感脆嫩細緻，切細後的樣子很像麵條，在生機飲食中常用來取代麵條。

材料：

- 櫛瓜（zucchini）1 條
- 大黃瓜或小黃瓜 1/2 條（刨絲）
- 紅蘿蔔 1/2 條（刨絲）
- 水 2 大匙
- 醬油 1 小匙
- 芝麻醬 1 小匙
- 杏仁醬 1 小匙
- 蒜頭 1 瓣（磨泥）
- 蜂蜜 1 大匙
- 蘋果醋 1 小匙

做 法

1　將櫛瓜放進刨絲機裡刨成細絲。

2　將水、醬油、芝麻醬、杏仁醬、蒜泥、蜂蜜、蘋果醋混合成涼麵醬。

3　將所有食材與醬汁混合。

日式涼麵

　　我最喜歡吃麵了。不論是陽春麵、乾粉條、肉燥冬粉或是麻醬涼麵，從小到大一定是吃的乾乾淨淨，一滴也不剩。

　　蒟蒻的原料是來自於蒟蒻植物的塊莖，烘乾磨成的蒟蒻粉，加入水中可凝固，變成口感 Q 彈的固體，再經過不同加工，就成為蒟蒻米、蒟蒻麵、蒟蒻條等。其熱量低，又高纖維，是很好的減肥食品。

材料：

- 日式蒟蒻麵 1 包
- 水 1/2 杯
- 味醂 1 又 1/2 大匙
- 醬油 1 又 1/2 大匙
- 海苔粉 1/4 小匙
- 蕃茄 1/4 顆（切丁）
- 生黃豆 2 大匙
- 白芝麻 1/4 小匙
- 海苔片 1 小片（切長條細絲）

做 法

1　將蒟蒻麵用溫水清洗。

2　水、味醂、醬油、海苔粉及白芝麻調成醬汁。

3　將剩餘材料與蒟蒻麵和醬汁混合即可。

日式拉麵

　　櫛瓜的熱量低、價格便宜，含抗氧化物、礦物質、三種不同的紅蘿蔔素、維生素 C、葉酸及纖維。吃起來鬆軟，又會吸收醬汁，很適合當麵條。現在美國的市場裡都可以買到刨絲好的螺旋狀櫛瓜，但我建議盡量用新鮮的蔬果，自己買機器和小朋友一起製作。

材料：

- 櫛瓜（zucchini）1 條
- 香菇 3 朵（切片）
- 紅蘿蔔 1/2 條（切片）
- 水 1 杯
- 醬油 1 小匙
- 蒜頭 1 瓣（磨泥）
- 蜂蜜 1 大匙
- 海苔片 1 片（切條）

做法

1 將櫛瓜放進旋螺刨絲機內刨成麵條狀。

2 將水、醬油、蒜泥、蜂蜜混合成湯汁。

3 在櫛瓜絲上淋上湯汁，最後加入香菇片、紅蘿蔔片及海苔片即可。

韓式冬粉

為了減肥，我從高中開始就很少吃麵食品了，但是要戒口不吃從小吃到大的食物是很辛苦的，覺得當時就像苦行僧，需要相當大的毅力。直到從美國烹飪學校畢業後，我學會如何將最平凡卻相當健康的食物，變成最美味的五星級料理，吃的很滿足而且還可以甩開惱人的卡路里。現在要介紹的這道冬粉料理很適合夏天食用，低熱量，也相當開胃。

材料：

- 寒天麵 1 包
- 醬油 1 大匙
- 麻油 1 小匙
- 蜂蜜 1 小匙
- 蒜頭 1 瓣（磨泥）
- 紅蘿蔔 1/2 條（切絲）
- 蘆筍 2 根（切斷）
- 紅甜椒 1/4 顆（切條）
- 生碗豆 2 大匙

做 法

1　將寒天麵用溫水清洗。
2　麻油、蜂蜜、蒜泥、醬油調成醬汁。
3　將寒天麵、醬汁及剩餘材料混合即可。

泰式紅咖哩湯麵

　　米粉其實是米做出來的副食品，只要用溫水泡軟就可食用。此道湯頭有很多香料，相當開胃。這道湯麵為了呈現泰式風味，使用很多香料來增加湯頭的美味，咖哩粉是泰式料理中很重要的香料粉，再加上檸檬、蕃茄與蜂蜜增加酸甜味道，是喜歡酸辣湯頭朋友可以嘗試的一到湯麵料理。

材料：

- 泰式米粉麵 1 把（1 人份量）
- 水 1/2 杯
- 橄欖油 2 大匙
- 洋蔥 1/2 顆
- 薑母 2 吋大小
- 蒜頭 2 瓣（磨泥）
- 薑黃粉 1/2 小匙
- 黃咖哩粉 1 小匙
- 小茴香粉（cumin）1 小匙
- 蕃茄（中型）2 顆
- 蜂蜜 1 小匙
- 紅辣椒 2 小根
- 檸檬半顆（榨汁）
- 苜蓿芽菜 1/2 杯
- 花椰菜 1/4 杯

做法

1 米粉加入溫水，浸泡至軟。

2 將水、橄欖油、洋蔥、薑母、蒜頭、薑黃粉、黃咖哩粉、小茴香粉、蕃茄（1 又 1/2 顆）、蜂蜜、紅辣椒（1 小根）、檸檬汁放進料理機打成泥，當作湯底。

3 將米粉、湯底、蕃茄（1/2 顆切丁）、辣椒（1 小根切碎）及剩餘的食材混合即可。

越南炒麵

　　蒟蒻的原料是來自於蒟蒻植物的塊莖，烘乾磨成的蒟蒻粉，加入水中可凝固，變成口感 Q 彈的固體，再經過不同加工，就成為蒟蒻米、蒟蒻麵、蒟蒻條等。其熱量低，又高纖維，是很好的減肥食品。這道越南炒麵也是用蒟蒻麵條來代替麵粉麵條，蒟蒻除了口感 Q 彈之外，換上不同醬料就呈現不同風味，泰式、越式或日式都很適合，而麵條形狀也可以細條狀或斜塊切狀，而這道越南炒麵我選擇斜塊狀切法，如同麵疙瘩一樣，對口感也有加分。

材料：

•日式蒟蒻麵1包(切薄片)	•九層塔 5 片
•水 1/2 杯	•香菜 1 小把（切碎）
•麻油 1 小匙	•海鹽 適量
•醬油 2 大匙	•蕃茄 1 顆（切片）
•白胡椒粉 1/2 小匙	•紅蔥頭 2 瓣

做法

1 將蒟蒻麵用溫水清洗並切成薄片。

2 將水、麻油、醬油、白胡椒粉及海鹽調成醬汁。

3 將蒟蒻麵、剩餘材料及醬汁混合即可。

日式蒟蒻麵

126

台式炒麵

　　豆腐麵無糖，無澱粉，是新的健康麵食，也是日本超人氣的健康食品，熱量不到白飯的一半，口感清爽，可減輕體內的負擔。日本拉麵也可以用豆腐麵取代，很受大家喜愛。

材料：

- 豆腐麵（1 人份量）
- 洋蔥 1/4 顆（切絲）
- 高麗菜 1/4 杯（切絲）
- 紅蘿蔔 1/4 杯（切丁）
- 豆芽菜 1/4 杯
- 醬油 2 大匙
- 蘋果醋 1 大匙
- 蜂蜜 1 大匙
- 白胡椒粉適量
- 九層塔 3 片

做 法

1 將醬油、蘋果醋、蜂蜜、白胡椒粉混合成醬汁。
2 將豆腐麵、醬汁及剩餘的食材混合即可。

豆腐麵

韓式辣麵

這道辣麵的麵條是用天然椰肉來取代。椰肉的口感軟韌,相當適合當麵條,而且還帶點甜味。

材料:

- 椰肉 1 顆(切長條寬片)
- 水 1 杯
- 海苔粉(Kelp Powder)1/4 小匙
- 醬油 2 大匙
- 白胡椒粉 1/2 小匙
- 蘋果醋 1 大匙
- 韓式泡菜 3 大匙
- 韓式泡菜汁 2 小匙
- 碗豆芽菜 1/4 杯
- 紅蘿蔔 1 小根(切片)
- 青蔥 1 小根(切碎)
- 紅辣椒片 1/2 小匙
- 白芝麻 1/2 小匙

做 法

1 將椰肉切成長條寬片。

2 將水、海苔粉、醬油、白胡粉椒及蘋果醋調成湯底。

3 將椰肉片及剩餘材料加入湯底混合即可。

泰式炒麵

「Pad Thai」這道泰式炒麵是我每次去泰國必吃的料理。泰國大街小巷的小攤販或是大餐廳,一定都可以吃到這道炒麵。又甜又酸、香辣、火侯足,很開胃,吃完很飽足。

材料:

•蒟蒻寬麵 1 包	•紅辣椒 1 小根	•蘆筍 2 根(切段)
•醬油 2 大匙	•薑母 1 小瓣	•紅甜椒 1/4 顆(切絲)
•蜂蜜 1 大匙	•豆芽菜 1/4 杯	•花生 4 大匙(剁碎)
•花生醬 4 大匙	•檸檬 1/2 顆	
•蒜頭 1 瓣	•紅蘿蔔 1/2 根(削片)	

做 法

1 蒟蒻麵用温水清洗。
2 將醬油、蜂蜜、花生醬、蒜頭、紅辣椒及薑母放進料理機,打成醬汁。
3 蒟蒻麵及剩餘材料用醬汁攪拌混合即可。

青醬麵是我到義大利餐廳必點的菜色，九層塔的香味實在讓人無法抗拒。九層塔及橄欖油是北義大利的特產，所以在北義青醬麵幾乎是人人每天吃的主食。九層塔含維他命 C、E 及黃酮類物，可以抗氧化、殺菌，更可以永保青春。

材料：

- 蒟蒻細麵 1 包
- 九層塔 2 杯
- 蒜頭 4 瓣
- 松子 1/2 杯
- 橄欖油 1/2 杯
- 海鹽 適量
- 黑胡椒粉 適量
- 小蕃茄 4 顆（切丁）
- 黃甜椒 1/4 顆（切丁）

做 法

1. 蒟蒻麵用溫水清洗。
2. 將九層塔、蒜頭、松子、橄欖油、海鹽及黑胡椒放進料理機，打成醬汁。
3. 蒟蒻麵及剩餘材料用青醬攪拌混合即可。

義大利蕃茄醬麵

多吃蕃茄好處多，鮮紅的蕃茄有各種植物色素與維他命，其中一種植物色素稱之為"茄紅素"，可以對抗自由基。

材料：

- 櫛瓜（zucchini）1 條（切成長條寬麵）
- 橄欖油 2 大匙
- 蒜頭 2 瓣
- 九層塔 1/4 杯
- 大蕃茄 4 顆（切丁）
- 海鹽 適量
- 黑胡椒粉 適量

自己種的蕃茄很甜美，跟大量生產的就是不一樣。

做法

1 將櫛瓜切成長條寬麵。
2 將九層塔、蒜頭、番茄、橄欖油、海鹽及黑胡椒粉放進料理機，打成醬汁。
3 長條寬麵淋上醬汁即可。

主餐咖哩

泰式椰奶咖哩

這道是泰國青醬咖哩。青辣椒讓整道菜辣味十足，但不適合小朋友食用。辣椒素能促進食欲，辣椒中的維生素 C 也是所有蔬菜中排名第一。而新鮮椰奶可舒緩辣勁，如果不加椰奶就沒有泰國風味。

材料：

•泰式米粉麵或台灣米粉麵1把(1人分量)	•檸檬香茅 2 大匙	•紅蘿蔔1根（切片）
•青椰 2 顆（椰肉＋椰子水）	•薑母 2 吋大小	•白花椰菜 1/4 杯
•青辣椒 2 小根	•椰油 1 大匙	•九層塔 1/4 杯
•蒜頭 2 瓣（磨泥）	•檸檬半顆（榨汁）	•香菜 1/2 杯
•洋蔥 1/2 顆	•葵花子豆芽菜 1/2 杯	

做法

1 米粉加入溫水浸泡至軟。

2 將椰肉、椰子水、青辣椒、蒜頭、洋蔥、檸檬香茅（lemon grass）、薑母、椰油、檸檬汁、九層塔及香菜放進料理機打成青咖哩醬。

3 將米粉、青咖哩醬及剩餘的食材混合即可。

印尼咖哩

印尼的咖哩和我們平常吃的咖哩不同的地方就是口味較重，也比較辣，而且南洋料理不免有酸甜味。蕃茄是這道咖哩的重點，蕃茄有 13 種維他命，17 種礦物質，更有大量的茄紅素，能抗氧化，好處多多。

材料：

- 椰奶 1 杯
- 白酒 2 大匙
- 青蔥 3 根
- 紅辣椒 1 小根
- 蒜頭 1 瓣（磨泥）
- 檸檬汁 1 大匙
- 九層塔 1/2 杯
- 椰油 2 大匙
- 醬油 2 大匙
- 蜂蜜 1 大匙
- 蕃茄 2 顆
- 白花椰菜 1/4 杯
- 碗豆芽菜 1/4 杯
- 香菜 適量

做法

1. 將椰奶、白酒、青蔥、辣椒、蒜頭、檸檬汁、九層塔、椰油、醬油、蜂蜜、蕃茄（1 又 1/2 顆）放進料理機打成咖哩醬。

2. 將半顆蕃茄、白花椰菜、碗豆芽菜、香菜與咖哩醬混合即可。

3. 可選擇白花椰菜米飯，或野米飯，或更多青菜來搭配。

印度黃咖哩

　　在印度，咖哩代表醬料，大多是由很多香料配製而成，其中薑黃為主料。印度人喝水洗澡都是在一條河裡，但他們不生病的原因都説是咖哩所含的薑黃及各種辛香料，可保護腸胃不受細菌感染，以及清腸排毒。這道料理味道重、濃郁，也很香甜，香料混一混就可以做出很美味的料理。在印度咖哩是所有醬料的總稱。

材料：

• 椰油 1/4 杯（用温水隔水加熱）	• 薑母 1 小匙（磨泥）	• 玉米 1/4 杯
• 椰奶 1/4 杯	• 蒜頭 1 小匙（磨泥）	• 白花椰菜 1/4 杯
• 香菜粉 (coriander powder)1/2 大匙	• 海鹽 1/8 小匙	• 綠豆芽菜 1/8 杯
• 小茴香粉 (cumin powder)1/2 大匙	• 紅椒粉 適量	• 荷蘭豆 1/8 杯
• 薑黃粉 (cumin powder)1/2 大匙	• 蕃茄 1/2 顆	（斜切成片狀）

做 法

1 將椰油、椰奶、香菜粉、小茴香粉、薑黃粉、薑母泥、蒜泥、海鹽及紅椒粉放進料理機打成咖哩醬。

2 將剩餘的食材蕃茄、玉米、白花椰菜、綠豆芽菜、荷蘭豆與咖哩醬混合即可。

3 可選擇白花椰菜米飯，或野米飯，或更多青菜來搭配。

度柳橙咖哩

柳橙讓所有料理更加甜美清爽。此道咖哩料理也不例外，而纖維粉有身體必需補充的水溶性及非水溶性纖維，可促進腸道暢通，減少宿便。纖維粉又會將湯頭變濃稠就和勾芡一樣。

材料：

- 椰奶 1 杯
- 柳橙汁 1/4 杯
- 椰油 3 大匙（隔溫水融化）
- 柳橙 1 顆
- 黃咖哩粉 1 大匙
- 洋蔥 1 大匙（切丁）
- 纖維粉 1/2 大匙
- 柳橙皮 1 小匙
- 蒜頭 1 瓣（磨泥）

做法

1 將柳橙剝皮、切成塊。
2 洋蔥切成小丁塊。
3 將所有食材混合一起即可。

夏威夷葡萄乾咖哩

　　利用夏威夷盛產的蘋果及葡萄乾混入咖哩醬裡，就成為此道料理。大家也可加入不同的蔬果讓食材更豐富。

材料：

- 椰奶 1 杯
- 橄欖油 1 大匙
- 蒜頭 1/4 小匙（切碎）
- 咖哩粉 2 小匙
- 薑母 1/2 小匙（磨泥）
- 洋蔥 1 大匙（切丁）
- 蘋果 1/4 顆（切丁）
- 葡萄乾 1/4 杯

做　法

1　洋蔥、蘋果削皮切丁。

2　將所有醬料混合在一起。

3　再將所有食材放進醬料中拌勻放入冰箱八小時即可。

主餐配菜

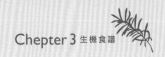

蘆筍

蘆筍富含多種氨基酸、蛋白質和維生素，具有調節機體代謝力，提高身體免疫力的功效，被稱為蔬菜之王。

材料：

• 蘆筍 1 把

• 香菇 4 朵

• 橄欖油 1 大匙

• 檸檬 1/2 顆（榨汁）

• 白芝麻腰果糖 1/4 杯（做法見 191 頁）

• 海鹽 適量

• 黑胡椒粉 適量

做 法

1 香菇先泡水切片。
2 將蘆筍削薄片。
3 將所有材料攪拌混合即可。

綠豆芽菜

　　豆芽菜含蛋白質、維生素 C、B1、鈣、磷、鐵、鈉、膳食纖維等。我種的是綠豆芽，但你也可以使用黃豆或是紅豆。豆芽很好種，只要將綠豆放進玻璃罐中，用水浸泡 8 小時後，將水倒掉。接著每天換水 2 次。約 4~7 天就可收成食用（請參第 44-45 頁）。

材料：

- 綠豆芽菜 4 杯
- 蘋果醋 2 大匙
- 麻油 2 大匙
- 海鹽 1 又 1/2 小匙
- 蜂蜜 1 小匙
- 蒜頭 1 瓣（磨泥）
- 紅辣椒粉 1/4 小匙
- 薑泥 1 小匙

做 法

1 先將蒜頭磨泥，加入其它調味料調製成醬汁。
2 再將綠豆芽菜與醬汁混合即可。

秋葵

如果用秋葵做菜的朋友，一定知道秋葵切開有黏液，其實它分泌的黏蛋白可保護胃壁，幫助消化，並可讓挑食的小朋友提高食慾。再來秋葵含有果膠、牛乳聚糖等，可消除疲勞、迅速恢復體力。秋葵也富含鋅和硒，有防癌作用。加上含有豐富的維生素 C 及膠質，能使皮膚美白、細嫩，我有時會拿來塗臉做面膜。

材料：

- 秋葵 7~8 根
- 醬油 2 大匙
- 蘋果醋 1 小匙
- 麻油 1 小匙
- 辣椒粉 1 小匙
- 白芝麻 適量

做 法

1 先將秋葵斜切成塊。
2 再將秋葵與所有配醬料混合即可。

海苔菜

　　在美國，Lulu 很難買到新鮮的海帶，但我會回台灣到早市購買，有各式各樣新鮮的海帶。其實很多人不知道海底的蔬菜比陸地上的蔬菜更營養，有更多的礦物質與維生素。據報導，日本有個小島村莊有許多位是全世界最長壽的人瑞，而居民最常吃的食物就是海菜。

材料：

- 新鮮海帶 1 杯（切段）
- 薑母 1 小匙（磨泥）
- 醬油 2 大匙
- 麻油 1 大匙
- 白芝麻 適量

做 法

1 將海帶切段 。
2 再將海帶與所有材料混合即可。

嫩葉波菜

　　記得小時候看的卡通人物大力水手，最愛吃的就是菠菜。其實菠菜真的是超級食物之一，含有大量的植物粗纖維，具有促進腸道蠕動的作用，利於排便。菠菜中也含有豐富的胡蘿蔔素、維生素C、鈣、磷及一定量的鐵、維生素E等有益成分，能供給人體多種營養物質，尤其鐵質，對貧血及吃素的朋友很好。

材料：

- 菠菜 4 杯
- 醬油 2 小匙
- 麻油 2 小匙
- 蒜頭 2 瓣（切片）
- 青蔥 1 根（切碎）

做法

1 將菠菜、青蔥切碎、蒜頭切片。
2 備完菜後，將所有食材與醬料混合即可。

越南米紙是越南常見的小吃。將一片米紙浸水 30 秒至透明，取出來就可以包餡料。米紙可包蔬菜和香菜，再沾上喜愛的醬料即可，很適合夏天食用。

韓式泡菜餃

材料：

- 越南米紙
  （Rice Wrapper）
  20~25 片
- 泡菜 5 大匙（切碎）
- 香菜 5 大匙（切碎）
- 紅蘿蔔 2 大匙（切絲）
- 豆芽菜或寒天冬粉
  5 大匙（切碎）
- 醬油 適量

做 法

1 將越南米紙泡水 30 秒至透明。
2 將所有食材切碎切絲。
3 將所有食材（各 1/2 小匙）包入泡軟的每一片米紙內捲起即可。

大白菜　　　　　　小白菜

白菜

白菜比一般高麗菜還軟，比較好咀嚼。這道料理很適合老人食用。

材料：

- 小白菜 2 杯（切段）
- 大白菜（翠玉白菜）1 杯（切絲）
- 醬油 3 大匙
- 蘋果醋 2 大匙
- 蜂蜜 2 大匙
- 薑母泥 1 小匙
- 青蔥 1 根（切碎）
- 辣椒醬 適量
- 白芝麻 適量

做 法

1 將小白菜切段。

2 將大白菜切絲。

3 將白菜與所有其他材料混合即可。

木須菜

在我們的家常美食中有一道菜叫木須菜，其中包含高麗菜、蛋、黑木耳、香菇等配料一起炒熟，加上特別調配的鹹甜醬料，就成了木須菜，再用餅皮包起來食用。而這道料理除了講求不煎炒以保留原菜的酵素，而且運用自製的健康醬料，而不是罐頭醬料，讓大家吃進滿滿的健康，也滿足了味蕾。

材料：

- 包心菜 1 杯（切絲）
- 紅蘿蔔 1/4 杯（切絲）
- 香菇或黑木耳 3 朵（切絲）
- 青蔥 3 根（切斷）
- 麻油 1 小匙
- 橄欖油 1 大匙
- 薑母 1 小匙（磨泥）
- 蒜泥 1 瓣（磨泥）
- 自製椰餅 4 片（請參考第83頁）

甜麵醬料：

- 醬油 2 大匙
- 杏仁醬 2 大匙
- 蜂蜜 1/2 大匙
- 麻油 2 小匙
- 蒜頭 1 瓣（磨泥）
- 黑胡椒 適量

做 法

1 將所有材料切絲或磨泥。
2 除椰餅之外，將所有木須菜的材料混合。
3 先製作甜麵醬，再將醬料與木須菜的所有食材混合即可。
4 將混合好的所有材料放進椰餅中，包起來食用。

大黃瓜捲

　　瓜類通常水分高，可幫助補充人體需要的水分，非常清涼爽口，因此有退火的功能。除了小黃瓜、青木瓜或是絲瓜，大黃瓜更是退火極品。大黃瓜有維生素Ａ、Ｃ、Ｂ群，以及膳食纖維、鈣及鉀等營養素，物美價廉，適合做成各種料理。

材料：

- 大黃瓜 1 根（切長片）
- 寒天麵 1 包（冬粉）
- 紅甜椒 1/4 顆（切長條）
- 紅蘿蔔 1 根（刨絲）
- 大芹菜 1 根（切長條）
- 香菜 3 大匙（切碎）
- 豆芽菜 1 把

沾醬：

- 杏仁醬 3 大匙
- 檸檬汁 1 大匙
- 醬油 1 小匙
- 蜂蜜 1 小匙
- 薑母泥 1/2 小匙
- 蒜泥 1/4 小匙
- 水（或椰子水）1 大匙

做　法

1 先將大黃瓜如圖式切長片。
2 處理所有食材，切絲或切條。
3 再用大黃瓜包起所有材料。
4 將沾醬材料混合均勻。
5 大黃瓜卷沾醬即可食用。

香菇素肉鬆

這道料理是我們家小朋友的最愛。我通常會把榨櫛瓜汁剩下的渣留起來,再做成素肉鬆,其實生機飲食很環保也珍惜所有資源。我家的菜渣從來不進垃圾桶,可拿來做菜餅,做狗飼料,或是做花園肥料等等。我的寶寶長牙後,就可以用素肉鬆拌飯或將素肉鬆放進粥裡當中當作餐食,有時也直接當零嘴吃,相當方便。

材料:

- 核桃 1 杯(泡水 8 小時)
- 櫛瓜(Zucchini)2 杯(使用榨汁機榨取櫛瓜渣或刨絲)
- 香菇 1 杯(切塊)
- 洋蔥 1/4 杯(切丁)
- 檸檬汁 2 大匙
- 醬油 2 大匙
- 鹽 適量

做 法

1 將泡過水的核桃、洋蔥及香菇分次放進食物調理機裡打碎。

2 將香菇碎、核桃碎、洋蔥碎與醬汁材料混合。

3 將混合材料放進食物風乾機,以 43 度C(110 度 F),風乾 2~3 小時即可。

蔬菜捲

　　大家可換成高麗菜葉或任何較硬的蔬菜葉當作捲皮。有時我也會加入自製的香菇肉鬆，吃起來更有飽足感。

材料：

- 羽衣甘藍葉（collard green）2 大片
- 大白菜 1 杯（切絲）
- 大黃瓜 1/2 根（切長片）
- 香菇 4 朵（醬油醃製並切片）
- 紅蘿蔔 1/2 根（切絲）
- 蘆筍 2 根（切段）

沾醬：

- 醬油 2 大匙
- 蒜頭 1 瓣
- 薑母 拇指大（磨泥）
- 紅辣椒粉 1/2 小匙

做 法

1 將羽衣甘藍葉的梗切掉。
2 處理所有青菜配料，洗淨、切片、切段或切絲。
3 用羽衣甘藍葉包上剩餘的材料。
4 將沾醬材料混合。
5 羽衣甘藍卷沾上醬料即可食用。

　　這道春捲不油不炸，對健康無負擔。就像做壽司一樣，小朋友也可動手做，用椰肉做出的春捲皮，吃起來相當柔軟，內餡加了咖哩粉更是開胃。有時上班的午餐不用吃太多，帶一兩根吃就很飽了。

材料：

- 紅蘿蔔 1/2 根（刨絲）
- 香菇 4 朵（泡水切碎）
- 白菜 1 杯（切絲）
- 香菜 1 杯（切碎）

- 野米 1/4 杯
- 腰果 2 大匙（切碎）
- 咖哩粉 1 大匙
- 海鹽 1/8 小匙

春捲皮材料：

- 椰肉 2 又 1/2 杯
- 薑黃粉 1 小匙
- 海鹽 1/4 小匙

甜辣醬材料：

- 紅辣椒 1 根（切碎）
- 蜂蜜 4 大匙
- 檸檬汁 2 大匙

做 法

1 將椰肉、薑黃粉、海鹽放進料理機裡打成泥。

2 將做法 1 的椰泥分成兩盤，放進食物風乾機，以 43 度 C（110 度 F），風乾 3~4 小時。風乾完成後共可切成 8 片，當作春捲皮。

3 將材料切絲或切碎。

4 混合海鹽與咖哩粉，與所有材料混合調味當作餡料。

5 用春捲皮包上餡料。

6 沾上混合好的甜辣醬醬料即可食用。

鑲蘑菇

　　蘑菇有獨特的味道，如果生吃味道更強烈，所以建議一定要先用醬油與蜂蜜醃漬來除去強烈的味道。而蘑菇的蛋白質含量非常高，甚至比牛肉高，是需要高蛋白的減肥者，最好的蛋白質來源之一。

材料：

• 蘑菇 5~7 朵
• 橄欖油 2~3 大匙
• 醬油 2~3 大匙
• 蜂蜜 1 小匙

• 南瓜子 1/2 杯（泡水 6 小時）
• 葵花子 1/2 杯（泡水 6 小時）
• 蒜頭 1 瓣（磨泥）
• 紅蔥頭 1 瓣（切碎）

• 香菜 1/4 杯（切碎）
• 海鹽 適量
• 黑胡椒粉 適量

做法

1 將蘑菇根拔起。用橄欖油、醬油及蜂蜜醃漬蘑菇頭及蘑菇根 3 小時。

2 將醃漬的蘑菇根、南瓜子、葵花籽、蒜泥、紅蔥頭、香菜、海鹽及黑胡椒粉放進料理機裡打成餡料。

3 將餡料塞進蘑菇頭裡即可。

紅薑無花果菜

這道料理是因為有一次回家後，打開冰箱發現沒剩幾樣菜，順手隨便混合的小菜，但卻意外的好吃。Lulu 一再告訴大家，不要害怕嘗試新的食材，大膽的發明新菜餚，吃起來更有成就感。

材料：

- 無花果 4 顆
- 椰肉 1/4 杯（切碎）
- 醃漬過的紅薑片 適量
- 蜂蜜 1 小匙
- 醬油 1 大匙

做法

1 將無花果剖半或切片。
2 將所有材料混合即可。

※ 小叮嚀：
醃漬過的紅薑片可以在超市購買，或是照著做泡菜的方法發酵醃漬。

越南蘿蔔捲

　　這道菜也可以用越南米餅皮製作。米餅皮是米漿加工過後的產品，白蘿蔔很有營養且有淡淡的香味。白蘿蔔米捲皮吃起來脆脆的，配上蕃茄辣醬，就像是上越南餐館吃飯，讓人一口接一口，清爽不油膩。

材料：

- 白蘿蔔 1 顆（削薄片）
- 碗豆芽 1/2 杯（切碎）
- 薄荷葉 1 大匙（切碎）
- 香菇 1/4 杯（切碎）
- 紅蔥頭 1 小匙（切碎）
- 葫荽香菜 1 小匙（切碎）
- 青蔥 1 小匙（切碎）
- 海鹽 適量
- 白胡椒粉 適量

蕃茄辣醬材料：

- 小蕃茄 2 顆
- 蒜頭 1 瓣
- 檸檬汁 1 大匙
- 紅辣椒 2 根
- 海鹽 適量
- 白胡椒粉 適量

做 法

1 將碗豆芽、薄荷葉、香菇、紅蔥頭、葫荽香菜、青蔥、海鹽及白胡椒粉混合成餡料。

2 用切片器將白蘿蔔削成薄片。

3 用白蘿蔔薄片把餡料捲起。

4 將蕃茄辣醬材料放進料理機打成醬，淋在白蘿蔔捲上即可。

甜椒鑲飯

　　明亮鮮豔的甜椒，滋味清甜，富含維生素 C 及 β 胡蘿蔔素，是柳丁的兩倍。雖然甜美，但熱量相當低，是減重的好料理。

材料：

- 紅甜椒或黃甜椒 2 顆（挖空）
- 香菇素肉鬆 1/4 杯
- 野米或五穀米 1 杯
- 醬油 2 小匙
- 九層塔葉 2 大匙（切碎）
- 蒜頭 1 瓣（切碎）
- 橄欖油 2 大匙
- 青蔥 2 根（切碎）

做 法

1 除甜椒外，將所有材料混合成米餡料。

2 將米餡料放進挖空的甜椒內填滿。

3 將甜椒鑲飯放進食物風乾機裡，以 43 度 C（110 度 F），風乾 1~2 小時即可。

不燒烤串及沙嗲醬

　　這道菜的關鍵在於先把菜醃過，菜才會入味，才會軟，比較像有烤過的口感。中秋節或是烤肉季，不妨嚐嚐這道料理，沒有油煙，準備又簡單。

材料：

- 青椒 1/2 顆（切塊）
- 紅椒 1/2 顆（切塊）
- 白花椰菜 1/4 顆（切塊）
- 香菇 4 朵（用醬油醃漬 20 分鐘）
- 鳳梨 1/4 顆（切塊）

- 抱子甘藍（Brussels sprout）4~5 顆
- 麻油 3 大匙
- 醬油 1 大匙
- 蜂蜜 1 大匙
- 紅椒粉 1/8 小匙

沙嗲醬材料：

- 杏仁醬 2 大匙
- 檸檬汁 2 小匙
- 椰油 2 小匙（隔溫水融化）
- 醬油 2 小匙

做 法

1 先用醬油醃漬香菇。
2 將麻油、醬油、蜂蜜及紅椒粉混合成醬料。
3 備菜處理食材，切塊。
4 將混合醬料淋在所有蔬菜上，醃漬 30 分鐘使入味並軟化。
5 將沙嗲醬材料混合。
6 將蔬菜串起來，沾沙嗲醬即可食用。

日式海帶

日式涼拌海帶

　　這道料理是我去日本餐廳吃到的，又香又酸甜。而枸杞子讓輕脆的沙拉添加柔軟的口感及甜味。

材料：

- 黃豆 1/4 杯
- 枸杞子 1/4 杯
- 日式海帶 1 杯（切條）
- 各式沙拉幼嫩菜 1 杯
- 洋蔥 1/4 顆（切丁）
- 白芝麻 適量
- 香菇 4 朵（切丁）
- 醬油 2 大匙
- 蘋果醋 2 大匙
- 麻油 1 大匙
- 蜂蜜 1 大匙

做 法

1 黃豆、香菇先泡水軟化。
2 將醬油、蘋果醋、麻油、蜂蜜醬汁混合成醬汁。
3 將所有材料與醬汁混合即可。

海苔拌飯粉

　　記得小時候，媽媽都會用「味島香鬆」拌飯或拌稀飯。來到美國，有次到日本朋友家做菜，才發現日本人都是自己做香鬆，有不同的口味。這道海苔拌飯粉食材是朋友提供的，簡單好做，又很好儲藏，放進密封罐可放置數月。我有時會灑在沙拉上，相當提味。

材料：

- 白芝麻 1/4 杯
- 海鹽 1 大匙
- 海苔片 7 片（用食物調理機打碎）
- 生糖 1 大匙
- 白胡椒粉 1 小匙

做 法

1　將海苔片放入食物調理機裡打碎。

2　將所有材料混合。

3　將海苔粉撒在白飯上即可。

※ 小叮嚀：

生糖（raw sugar）：在美國，可以買到生糖，此產品以低溫處理，所以營養沒有流失，若台灣找不到，可用蔗糖（比一般白糖還有價值）代替。

甜
點

香蕉冰淇淋

這道冰淇淋應該是整本書最簡單的料理，只需一樣食材，一道步驟，不需糖或鮮奶油，更沒有不必要的熱量。

材料：

• 剝皮香蕉 4~6 根
（先切片然後放進冰箱冷凍）

做法

1 將冷凍的切片香蕉放進食物調理機打碎，打成冰淇淋。

2 加入任何喜愛的水果及自製桑葚醬即可。

芒果椰奶冰淇淋

　　芒果是我回台灣必吃的水果，口感好，多汁，而且肉厚，又大顆又甜。除了有豐富的維生素A、C有助於增強免疫力，還有纖維素可清腸胃、防止或治療便秘。很多人都愛芒果，但又擔心高熱量，其實不要一次食用過量，可滿足口腹之慾，還能把原始食物的維生素和酵素吃進身體中。

材料：

- 芒果4杯（切丁）
- 椰奶2杯
- 蜂蜜1大匙
- 豆蔻粉（cardamom)1大匙

做　法

1 將所有材料放進食物調理機裡打成泥。
2 放進冰箱冷凍20~30分鐘即可。

椰奶冰淇淋

　　這道甜點是用來代替牛奶香草冰淇淋的，因為植物蛋白質比動物蛋白質好，椰肉含有豐富的油脂，所以吃起來很滑順。小朋友吃這道點心時，會完全不知道是不同的冰淇淋。

材料：

- 杏仁奶 2 杯
- 蜂蜜 1/3 杯
- 香草精 1 小匙
- 椰油 2 大匙
- 海鹽 1/4 小匙
- 椰肉 2 又 1/2 杯
- 椰子鳳梨皮乾一大匙（第 194 頁）

做法

1 將所有材料放進食物調理機裡打成泥。
2 放進冰箱冷凍 20~30 分鐘即可。

檸檬冰棒

　　冰棒好做又簡單,只要將所有材料攪混在一起,再放進冰箱冷凍就完成了。例如椰奶混合蜂蜜,加上藍莓或是薰衣草,也就變成牛奶冰棒了。至於檸檬冰棒,我選擇腰果搭配香蕉來增加口感、風味與營養。

材料:

- 腰果 2/3 杯
- 香蕉 3 根
- 檸檬 3~4 顆(榨汁)
- 蜂蜜 1/4 杯

做 法

1 將所有材料放進食物調理機裡打成泥。
2 放進冰棒模,冷凍 1~2 小時即可。

南瓜冰淇淋

　　南瓜汁是新鮮南瓜削皮後，用果汁榨汁機榨出來的，喝起來很甜美。如果家裡有養狗，可將南瓜渣混進狗飼料中，這是最好最天然的營養餐。我家狗狗 Bella 都吃我自製的狗食。我的朋友都說我家狗狗比一般人吃的更好更健康。

材料：

- 南瓜汁 1 杯（新鮮南瓜削皮後榨汁）
- 腰果 1/2 杯
- 蜂蜜 1/2 杯
- 椰肉 1/2 杯
- 肉桂粉 1 小匙
- 豆蔻粉（cardamom）1/4 大匙
- 肉荳蔻（nutmeg）1/8 大匙
- 丁香（cloves）1/8 大匙

做法

1 將所有材料放進食物調理機裡打成泥。

2 放進冰箱冷凍 30 分鐘即可。

羽衣甘藍菜片

　　近幾年，羽衣甘藍（Kale）在美國相當流行。因為是生綠色蔬菜，耐寒好種植，價格不貴，所以羽衣甘藍菜就像洋芋片一樣，紛紛在超市裡販賣，非常受歡迎。大家不妨可以試著用高麗菜做看看，口感應該蠻接近的。

材料：

- 羽衣甘藍（Kale）12 片（拔根並切片）
- 腰果 1 杯（泡水 2 小時）
- 紅甜椒 1 顆
- 檸檬 1 顆（榨汁）
- 蜂蜜 1 大匙
- 啤酒酵母 2 大匙
- 洋蔥粉 1/4 小匙
- 薑黃粉（turmeric powder）1/4 匙
- 海鹽 1/2 小匙

 啤酒酵母

做 法

1 將腰果、紅甜椒、檸檬汁、蜂蜜 、啤酒酵母、洋蔥粉、薑黃粉、海鹽放進料理機裡打成醬料。

2 將羽衣甘藍及醬料混合，並放進食物風乾機，以攝氏 43 度（華氏 110 度），風乾 3~4 小時即可。

※ 小叮嚀：

何謂啤酒酵母：初期是利用啤酒花培養出的營養酵母，現今多是利用糖當原料培養出來酵母粉，因含有豐富維生素、蛋白質與膳食纖維，可增加飽腹感，一般藥局或藥妝店都有販售。

哈密瓜盅

這道甜點是我到東南亞旅遊啟發而成的，有點像南洋冰品摩摩喳喳。當然正宗的摩摩喳喳還會加玉米粒。我的哈密瓜盅，有加蘆薈，可排毒退火。

材料：

- 哈密瓜 1/2 顆
- 枸杞子 2 大匙
- 蘆薈 1 根
- 藍莓 1/4 杯
- 椰奶 1/4 杯
- 鳳梨 1/4 杯（切塊）
- 蜂蜜 2 大匙
- 杏仁片 2 大匙

做法

1 將哈密瓜肉挖成球狀。

2 蘆薈與鳳梨都剝皮切塊。

3 所有食材與椰奶和蜂蜜混合，並放進哈密瓜盅裡即可。

杏仁咖啡塊

這道點心很適合當作上班族的下午茶點心。因為純可可粉及即溶咖啡都含咖啡因,所以可解嘴饞又可提神,一舉兩得。

材料:

- 核桃 3/4 杯
- 杏仁 1/2 杯
- 黑蜜棗 1 又 1/4 杯(去籽)
- 純可可粉 1/2 杯
- 即溶咖啡 1 大匙
- 香草精 1 小匙
- 海鹽 適量

做 法

1 將核桃及杏仁放進食物調理機裡打成細粒。

2 另外將黑蜜棗放進食物調理機裡打成泥塊。

3 再將核桃、杏仁細粒、黑蜜棗塊及剩餘的材料,放進料理機裡打成杏仁咖啡糰。

4 將杏仁咖啡糰挖出,並放進方形烤盤內,壓平後冷藏 30 分鐘。

5 將杏仁咖啡糰切成方塊,即成杏仁咖啡塊。

玉米脆餅

　　這道零嘴辣辣的，很好吃。但你也可以加點蜂蜜，甜甜的也很順口。用玉米脆餅沾醬料吃，就像在我們在美國時會沾的是莎莎醬或是酪梨醬等。

材料：

- 玉米 4 根
- 紅辣椒 1 根
- 紅蔥頭 3 瓣
- 大蒜 1 瓣
- 香菜 1 大匙（切碎）
- 海鹽 適量

做法

1 先將玉米去籽成玉米粒，香菜切碎。
2 將所有材料放進食物調理機裡打成泥。
3 放進食物風乾機，以 43 度 C（110 度 F），風乾 12 小時即可。

迷迭香蘋果

　　大家一定會想，吃蘋果幹嘛加這麼多東西？其實我也贊成你的看法。但如果想做點改變，蘋果融合新鮮的迷迭香和肉桂，就是酸甜滋味中帶有花草的香味，會讓你意外驚喜。

材料：
- 蘋果 1 顆
- 檸檬汁 1 大匙
- 迷迭香（Rosemary）1 小匙
- 肉桂粉 1 小匙

做　法

1 蘋果先切片。
2 再將所有材料混合即可。

椰子乾

　　椰子乾是我最愛的零嘴，帶有甘甜味，但怎麼搭配更好吃呢？我會將椰子乾混合葡萄乾及杏仁豆，裝進小袋子，當作下午茶點心。有時我也會灑在沙拉上。我做的很多甜點都會用到椰子乾，所以一次做很多，然後放入密風罐裡儲存，需要時再拿出來。

材料：

- 椰肉 4 顆
- 椰油 1/4 杯
- 海鹽 1/2 小匙

做法

1 先處理椰子部分，將椰肉挖成一片片的薄皮。

2 將椰肉放進食物風乾機，以 43 度 C（110 度 F），風乾約 3~4 小時。

3 將椰乾（烘乾後的椰肉）混合椰油及海鹽，再放回食物風乾機，以 57 度 C（135 度 F），再烘 8 小時。

檸檬鳳梨

　　就如之前在迷迭香蘋果甜點所提到的，鳳梨切塊吃就好了，幹嘛加這麼多東西？很多食物當然可以吃原味，也很健康，但如果做點改變，讓食物有另外一個風味變化，何樂不為。這道甜點加入檸檬及蜂蜜，讓鳳梨更酸甜，而海鹽有提味的作用，會加強酸甜味。

材料：

- 鳳梨 2 杯（切塊）
- 檸檬 1 顆（榨汁）
- 蜂蜜 2 大匙
- 海鹽 適量

做 法

1 先將鳳梨切塊，檸檬榨汁。
2 將檸檬汁及蜂蜜混合，並淋在鳳梨塊上。
3 灑上海鹽即可。

芒果鳳梨冰沙

水果冰沙很好製作，自製絕對比外面買的好。你要是有時間，到超市看看冰沙的原料，會發現芒果冰卻沒有芒果原料，只有化工香料，就連顏色都是人工色素調配出來的。誰願意讓自家的小朋友吃化工冰棒？

材料：

- 芒果 2 顆（削皮及切丁）
- 蜂蜜 1/2 杯
- 檸檬汁 1 大匙
- 鳳梨 1 杯（削皮及切丁）

做法

1 先將芒果及鳳梨削皮切丁，放進冰箱冷凍。

2 拿出結凍的芒果與鳳梨，將所有材料放進食物調理機裡打成冰泥。

3 將冰泥放回冰箱冷凍 20~30 分鐘即可。

花生粒巧克力

生機飲食雖然強調盡量生食，不要讓食物烘煮的溫度過高，但是這道甜點裡使用的花生，Lulu 建議大家吃熟的比較好。雖然生吃保有酵素，但根據研究，吃太多生花生容易脹氣拉肚子。如果一定要完全生食，可以改用其他堅果豆，雖然比較貴，但其他堅果豆可生食較安全，而且營養價值也比較高。

材料：

- 花生 2 杯
- 可可粉 1/2 杯
- 椰油 6 大匙（隔溫水融化）
- 蜂蜜 1 大匙

做 法

1 將所有材料混合
2 放進冰箱冷卻即可。

草莓水果剉冰

我的冰箱一定都有一大袋冷凍的草莓。我常在夏天草莓盛產的時候,到農夫市集購買一大箱,有時間還會去果園採摘,相當省錢。買回家清洗過後,部分可以馬上吃,也可以當甜點或是混入沙拉,有時淋上優格也不錯。剩下的新鮮草莓就冷凍,可以用來做果汁,也可以做甜點。草莓葉也可以吃,我通常留著不拔掉,如果你不喜歡,也可留下來混合著水果一起榨汁喝。

材料:

- 草莓 5 杯(冷凍)
- 蜂蜜 1 杯
- 檸檬 2 大匙
- 芒果 1/2 顆
- 藍莓 1/4 杯
- 椰奶 2 大匙
- 薄荷葉 數片

做 法

1 將冷凍草莓、蜂蜜及檸檬放進食物調理機,打成冰泥。

2 將冰泥放回冰箱冷凍 20~30 分鐘。

3 將碎冰鋪底,再加上剩餘的材料及草莓冰泥即可。

巧克力花生糖

巧克力花生糖是美國萬聖節時小朋友的最愛。偶爾我就像小朋友一樣也會忍不住想一口接一口。在美國，每到萬聖節超市的花生醬杯（Peanut Butter Cup）馬上搶購一空。我的這道巧克力花生糖，吃起來健康也省錢。

材料：

- 椰油 1/2 杯（隔溫水融化）
- 可可粉 1/4 杯
- 自製花生醬或杏仁醬 1/4 杯
- 蜂蜜 2 大匙

做法

1. 將椰油、可可粉、蜂蜜（1 大匙）混合成巧克力醬。
2. 將杏仁醬及蜂蜜（1 大匙）混合成蜂蜜杏仁醬。
3. 將 1 大匙巧克力醬（作法 1）放進巧克力糖紙杯中鋪底，放進冰箱冷藏 20 分鐘。
4. 將冷卻的巧克力杯拿出，挖 1 小匙蜂蜜杏仁醬（作法 2）放中間，最後再加上 1 大匙巧克力醬。
5. 再放進冰箱冷藏 10 分鐘即可。

市售巧克力花生糖

香蕉巧克力冰棒

這道甜點是小朋友的最愛之一，幾乎抵擋不了巧克力的誘惑。尤其搭配冰涼的香蕉冰棒，兼具香蕉的營養成分，是小朋友很好的飯後甜點。小朋友如果不喜歡椰絲的口感，可以省略最後一個步驟。

材料：

• 香蕉 2 根

• 可可粉 1/2 杯

• 椰油 6 大匙（隔溫水融化）

• 蜂蜜 1 大匙

• 椰絲 1/2 杯

做 法

1 將香蕉插入竹籤，並放進冰箱冷凍。

2 將可可粉、椰油及蜂蜜混合成巧克力醬。

3 將香蕉冰棒沾上巧克力醬，再灑上椰絲、冷卻即可。

巧克力草莓

　　巧克力是情人節時的常見禮物，其實做法非常簡單，跟著我的食譜立刻動手做，不用等情人節，送給另一半必定會開心，其實這也是餐後甜點的好選擇。

材料：

- 草莓 12 顆
- 可可粉 1/2 杯
- 可可豆油（coco butter）6 大匙
- 椰油 12 大匙（隔溫水融化）
- 蜂蜜 2 大匙

椰油

做法

1 將可可粉、椰油（6 大匙）及蜂蜜（1 大匙）混合成黑巧克力醬。

2 將可可豆油、椰油（6 大匙）及蜂蜜（1 大匙）混合成白巧克力醬。

3 將草莓沾上黑巧克力醬及白巧克力醬，再放進冰箱冷卻即可。

椰奶奶酪

這是一道簡單好做的料理，只要將椰子水加椰肉打成泥，再加點鹽與蜂蜜，就是好吃的奶酪。椰子水有豐富的電解質，可快速幫人體補充水分，清涼退火。大家可以變換各種水果混合著吃。

材料：

- 椰肉 1 杯
- 椰子水 1/4 杯
- 香草精 1 小匙
- 蜂蜜 1 大匙
- 海鹽 1/8 小匙
- 芒果 1/2 顆（切丁）
- 檸檬 半顆（切片）

做 法

1 將椰肉、椰子水、香草精、蜂蜜及海鹽放進食物調理機，混合成奶酪。

2 加上芒果丁及檸檬片即可。

花生糖

我在這道甜點中加了亞麻仁籽，亞麻仁籽除了有 Omega-3 脂肪酸，還有 Omega-6 和 Omega-9，對於心血管疾病、癌症都有良好的預防效果，為這道小零嘴的營養加分。

材料：

- 自製花生醬或杏仁醬 4 大匙
- 椰奶 1/2 杯
- 蜂蜜 1/2 杯
- 香草精 1 小匙
- 椰油 1/2 杯（隔溫水融化）
- 海鹽 1/4 小匙
- 肉桂粉 1/2 小匙
- 亞麻仁籽 1 又 1/2 杯

做 法

1. 將亞麻仁籽放進食物調理機，打成粉。
2. 將所有材料混合。
3. 放進烤盤裡並壓平、冷卻、切塊即可。

燕麥葡萄餅乾是美國經典的甜點小餅，口感鬆軟。我常帶這道甜點給同事吃，他們都不知道是生食，都以為是烤過的。

燕麥葡萄餅乾

材料：

- 核桃 2 杯
- 黑蜜棗 1 杯
  （泡水 10 分鐘）
- 燕麥片 1 杯
- 香草精 1/2 小匙
- 肉桂粉 1 小匙
- 海鹽 1/4 小匙
- 葡萄乾 1/2 杯

做法

1 先將核桃放進食物調理機打成粉，再加入黑蜜棗、燕麥片、香草精、肉桂粉及海鹽，打成餅乾麵糰。

2 麵糰加入葡萄乾混合，再挖成小球狀、壓平即可。

杏仁餅乾

我的美國朋友每次想到的華人甜點就是杏仁餅乾。他們常問我如何將中國糕餅變成生機飲食。我做的這道杏仁餅乾相當綿密柔軟,老人也適合食用。

材料:

- 亞麻仁籽 1/2 杯
- 杏仁豆 3/4 杯
- 蜂蜜 6 大匙
- 杏仁醬 2 大匙
- 椰油2大匙(隔溫水融化)

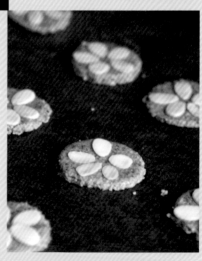

做 法

1 將亞麻仁籽放進食物調理機裡,打成粉。

2 另將杏仁豆放進食物調理機裡,打成粉。

3 將所有材料混合,並用擀麵棍擀平。

4 用圓形模型壓成圓狀,再用杏仁片裝飾即可。

芝麻餅

　　這道芝麻餅的味道，吃起來很像我小時候過年吃的笑口常開。雖然不像餅乾酥脆，但很軟也很扎實，很適合做給老人吃。

材料：

- 杏桃乾（Apricots）1 杯
- 開心果 1/2 杯
- 白芝麻 1/2 杯
- 檸檬汁 1 小匙
- 蜂蜜 1 小匙

做 法

1 將杏桃放進食物調理機裡，打成泥膏狀。

2 再加入開心果、白芝麻（1/4 杯）、檸檬汁及蜂蜜至食物調理機裡，繼續攪拌。

3 將所有材料混合成糰，製成餅乾糰。

4 將餅乾糰挖成球狀，沾上白芝麻（1/4 杯）即可。

方塊酥

　　這道方塊酥點心使用杏仁豆粉製作，可將杏仁豆放進食物調理機裡打成粉再使用。但是我平常會做杏仁豆奶，所以會用杏仁奶渣來當食材才不會浪費。

材料：

- 香蕉 1 根
- 草莓 1 杯
- 杏仁豆粉 1 杯（或用杏仁奶渣）
- 亞麻仁籽 1 杯
- 蜂蜜 1 大匙
- 椰油 1 大匙（隔溫水融化）
- 海鹽 1/4 小匙

做法

1 將亞麻仁籽放進食物調理機裡，打成粉。

2 將香蕉、草莓、蜂蜜、海鹽及椰油放進料理機裡，打成果泥。

3 果泥中加入杏仁豆粉及亞麻仁籽粉，混合成麵糰。

4 將麵糰擀平，放進食物風乾機裡，以 63 度 C（145 度 F），風乾 3~4 小時，切方塊即可。

奇亞子西米露

　　如果說亞洲風行寒天洋菜減肥，而奇亞子（Chia seed）則是美國減肥者的最愛。奇亞子很像山粉圓，泡水後馬上吸收水分。1小匙可泡成一大杯，吃了馬上飽。其膳食纖維能幫助腸道蠕動，可以維持良好的消化道機能。奇亞子還含有豐富的Omega-3和Omega-6不飽和脂肪酸、蛋白質、各種必需胺基酸及非必需胺基酸、高含量抗氧化物、維生素B12、礦物質和微量元素等，所以不只愛美減肥的人喜愛，很多美國有名的運動員都提倡大家多食用。

材料：

- 奇亞子（Chia Seed)3 大匙
- 椰奶 1/2 杯
- 蜂蜜 1 大匙
- 喜愛的水果 1/4 杯（切丁）

做 法

1 將奇亞子泡水至隔夜並放冰箱冷藏。

2 將奇亞子與水果、椰奶、蜂蜜混合，放進冰箱冰涼即可食用。

桑葚慕司

這道甜點很漂亮。其實很好做，巧克力杯只要參考之前巧克力（可可粉、椰油及蜂蜜）的做法，將餡料放進巧克力杯膜，冷卻即成。

材料：

- 腰果 1 杯
- 桑葚 2 杯
- 水 1/4 杯
- 蜂蜜 1/4 杯
- 椰油 1/4 杯
- 海鹽 1/4 小匙
- 甜菊糖粉 1 小匙

做 法

1. 腰果需先泡水 8 小時。
2. 將腰果、桑葚、水、蜂蜜、椰油及海鹽放進食物調理機裡，打成慕司。
3. 慕司裝進巧克力杯裡，用桑葚裝飾，最後灑上甜菊糖粉即可。

※ 小叮嚀：

* 巧克力做法：

將可可粉（1/2 杯）、椰油（6 大匙）及蜂蜜（1 大匙）混合成黑巧克力醬，冷卻即可。

甜菊糖粉

起司蛋糕

這道起司蛋糕的製作方法，不用烤箱，比真正使用動物乳酪起司來得簡單百倍，而且很健康。腰果有豐富的油脂，又高纖維，是動物乳酪的優良代替品。雖然名為起司，卻沒有動物乳酪成分，不過口感卻很像起司蛋糕。

材料：

- 腰果 3 杯
- 檸檬汁 3/4 杯
- 蜂蜜 3/4 杯
- 椰油 3/4 杯
- 香草精 1 大匙

做法

1 腰果先泡水 8 小時。
2 將所有材料放進料理機裡混合。
3 將混合後的材料倒進方形盤後，放進冰箱冷藏 20~30 分鐘。
4 加上任何喜愛的水果裝飾即可。

迷你水果塔

這道甜點很精緻漂亮，是我在廚藝學校學的。如果做不好別氣餒，多做幾次就可以成功。塔餡是奶黃醬（pastry cream），是美國常用的甜點內餡，帶有橙香味。

塔皮材料：

- 杏仁或核桃 1 又 1/2 杯
- 黑蜜棗 1/2 杯
- 椰絲 1/4 杯
- 海鹽 1/8 小匙

塔餡材料：

- 椰肉 1 又 1/2 杯
- 蜂蜜 1/3 杯
- 水 1/3 杯
- 柳橙汁 1 大匙
- 香草精 1 小匙
- 海鹽 1/8 小匙
- 杏仁精 1/8 小匙
- 薑黃粉 1/8 小匙
- 椰油 2 大匙
- 大豆卵磷脂 1 大匙

塔頂水果材料：

- 依個人喜愛的水果

做法

塔皮：
1 塔皮材料放進食物調理機裡，打成糰。
2 將糰放進派盤中，壓平。

塔餡：
1 另將塔餡材料放進食物調理機裡，打成奶黃醬。
2 將奶黃醬放進塔皮中。
3 放上喜愛的水果，最後抹上蜂蜜即可。

白芝麻腰果糖

　　白芝麻腰果糖是很健康的零嘴。如果你想換換味道，可以用檸檬汁來代替麻油，再加入辣椒粉及蜂蜜，吃起來也很帶勁。

材料：

- 腰果 3 杯（泡水 6 小時）
- 麻油 2 大匙
- 蜂蜜 1/2 杯
- 海鹽 1 小匙
- 肉桂粉 2 小匙
- 香草精 1 小匙
- 白芝麻 1/2 杯

做 法

1 將麻油、蜂蜜、海鹽、肉桂粉及香草精混合成糖漿。

2 將腰果放進糖漿中，並沾上白芝麻。

3 將腰果糖放進食物風乾機裡，以 46 度 C（115 度 F）風乾，直到乾脆。

法式捲餅

台式的可麗餅是用日式做法，比較脆硬。這道法式捲餅，是比較正宗的法式口感。也可以用餅皮包入鹹料。

餅皮材料：

- 香蕉 4 根
- 檸檬汁 1 大匙
- 肉桂粉 1/8 小匙

鮮奶醬材料：

- 腰果 2 杯（泡水 8 小時）
- 水 1/2 杯
- 蜂蜜 1/4 杯
- 香草精 1/2 小匙

做 法

1 將餅皮材料放進食物調理機裡，打成糊。

2 將糊放進放進食物風乾機裡，以 43 度 C（110 度 F），脱水 6 小時。大約做 6~8 個餅皮。

3 將鮮奶醬材料放進食物調理機裡，打成鮮奶醬，冷卻 2 小時。

4 將鮮奶醬包進餅皮裡，加入水果及桑葚醬即可。

枸杞杏仁糖

　　枸杞可以顧眼睛，含有豐富的胡蘿蔔素、維生素 A、B1、B2、C 和鈣、鐵，都是眼睛保健的必需營養。其中所含的甜菜鹼可以促進肝細胞再生，因而具有保護肝臟的作用。我會用枸杞打汁、泡茶，或是混進綜合堅果乾裡當零食。我家小朋友都喜歡當葡萄乾吃。

材料：

- 杏桃乾 2/3 杯（泡水）
- 椰油 1/4 杯（隔溫水融化）
- 蜂蜜 1 杯
- 香草精 1 小匙
- 杏仁 1 又 1/2 杯
- 枸杞 1/4 杯
- 蔓越莓 3/4 杯
- 南瓜子 1/3 杯
- 海鹽 1/4 小匙

做法

1 將杏桃乾放進食物調理機裡，打成泥。
2 再加入剩餘材料混合後，放進方形烤盤裡，壓平。
3 放進食物風乾機裡，以 43 度 C（110 度 F），風乾脫水 6 小時，取出並切成長條即可。

椰子鳳梨皮

椰子與鳳梨相當搭配，可樂搭配鳳梨果汁也很好喝，這道小脆餅也不例外。

材料：
- 椰肉 2 杯（2~3 顆）
- 鳳梨 2 杯
- 蜂蜜 1 大匙
- 海鹽 1/8 小匙

做 法

1 將所有材料放進食物調理機裡，打成碎泥。

2 將碎泥放進食物風乾機盤上，抹平並脫水，以 63 度 C（145 度 F）風乾 8 小時即可。

奇亞子蜜棗糕

　　這道蜜棗糕是我小時候發明的甜點，高蛋白又高纖維，很適合當小朋友和老人的點心。有時我忙得沒時間吃午飯，就拿這道點心代替，健康而沒有罪惡感。

材料：

•核桃 1 杯	•椰絲 1/4 杯
•奇亞子 1/3 杯	•南瓜子 3/4 杯
•亞麻仁籽 1/3 杯	•葡萄乾 1/2 杯
•白芝麻 1/3 杯	•黑蜜棗 1 杯
•可可豆 1/4 杯	•椰油 2 大匙

做 法

1 將核桃、奇亞子、亞麻仁籽、白芝麻、可可豆、椰絲、南瓜子放進食物調理機裡，打成碎渣。

2 再將葡萄乾、黑蜜棗及椰油加入做法 1 的食物調理機中，繼續打成糖糕。

3 將糖糕擀平、冷藏，取出後切成方塊即可。

印度香蕉脆餅

一般印度的香蕉脆餅是用炸的，我這道風乾的香蕉脆餅一樣香脆，但記得不要用過熟的香蕉。

材料：

- 香蕉 2~3 根（切薄片）
- 檸檬汁 1 小匙
- 蜂蜜 1 小匙
- 海鹽 1/8 小匙
- 薑黃粉 1/8 小匙

做 法

1 先將香蕉去皮、切薄片。
2 將所有材料混合。
3 將混合的材料放進食物風乾機裡，以 43 度 C（110 度 F），脫水 6 小時。

蓮藕脆餅

　　蔬菜脆餅在台灣很流行，其實最近也美國越來越流行。蓮藕雖然不是我們常買的蔬菜，但營養價值高，所以我會用各種方式讓小朋友愛上蓮藕，做成小餅乾最容易讓小朋友接受。只要季節一到，超市有賣，我一定會買回來。蓮藕富含膳食纖維及黏蛋白，熱量卻不高，因而能控制體重，降低血糖和膽固醇。膳食纖維能促進腸蠕動，預防便秘及痔瘡。蓮藕含鐵量高，因此貧血的朋友最適宜吃了。

材料：

• 蓮藕 2 杯（切片）
• 椰油 2 大匙（隔溫水加熱）
• 醬油 2 大匙
• 蜂蜜 1 大匙
• 洋蔥粉 1 小匙

做 法

1 先將蓮藕切片。
2 再將所有材料混合，醃漬 4 小時。
3 放進食物風乾機裡，以 43 度 C（110 度 F）風乾，直到乾脆。

花生糖

這道甜點很適合過年送朋友。過年送禮，Lulu 喜歡自己手作，比買魚翅送人還有誠意。誰能拒絕香脆的花生糖呢！這花生糖雖然須需要較長的時間風乾，但做出來的成品很值得等待。

材料：

- 花生 2 杯
- 蜂蜜 1/2 杯
- 海鹽 1/2 小匙

做 法

1 將所有材料混合。

2 將材料放進食物風乾機裡，以 41 度 C（105 度 F）風乾，約一天的時間即可。

亞麻仁籽脆餅

　　黑糖蜜（Molasses）有點像麥芽糖，是從甘蔗熬煮而成的。有原始的蔗糖風味，不經化學加工，有豐富的營養物質。若找不到黑糖蜜，可以用麥芽糖或蜂蜜取代。

材料：

- 杏仁豆 2 杯（磨粉）
- 黑蜜棗或葡萄乾 1 又 1/2 杯
- 海鹽 1/8 小匙
- 香草精 1/2 小匙
- 薑母 2 大匙（磨泥）
- 肉桂粉 1 小匙
- 黑糖蜜（Molasses）3 大匙
- 椰油 2 大匙（隔溫水融化）
- 亞麻仁籽 1/4 杯

做 法

1. 將黑蜜棗、海鹽、香草精、薑母泥、肉桂粉、黑糖蜜、椰油放進食物調理機裡，打成膏泥狀的麵糰。
2. 將杏仁粉（或杏仁奶渣）混入麵糰中，拌勻。
3. 挖小球狀，並且上沾亞麻仁籽，擀平。
4. 放進食物風乾機裡，以 63 度 C（145 度 F），風乾 3~4 小時即可。

杏仁奶渣

大家都知道紅蘿蔔的好處，特別是媽媽們最希望小朋友多吃紅蘿蔔，但是很多小朋友非常挑食，對於紅蘿蔔的獨特味道特別反感。這道糕餅吃起來甜甜的，保有營養，但蘿蔔味卻不重，媽媽們不妨可以試試。

材料：

- 紅蘿蔔 1 又 1/2 杯（用紅蘿蔔榨汁剩下的渣約 2/3 杯）
- 椰絲 3 大匙
- 黑蜜棗 10 顆
- 柳橙皮絲 1/2 顆
- 杏仁渣 1/3 杯
- 椰油 2 大匙（隔溫水加熱）
- 肉桂粉 1 大匙
- 豆蔻粉（cardamom）1/2 大匙
- 肉荳蔻（nutmeg）1/4 大匙
- 海鹽 1/8 小匙

做 法

1 除椰絲外，將所有材料放進食物調理機裡混合成膏泥狀。

2 取出膏泥，挖成球狀，再沾上椰絲。

3 再放進冰箱內冷藏 20 分鐘即可。

堅果糖

　　這道也是我常幫小朋友準備的點心。常看見其他小朋友吃巧可力條，但是我家的小孩吃的是堅果糖。兩者熱量相同，但這道堅果糖含有纖維質及營養素，是讓小朋友比較安心吃的甜點。

材料：
- 花生 1 杯
- 腰果 1/2 杯
- 杏仁 1/2 杯
- 蜂蜜 1/2 杯
- 海鹽 1/2 小匙

巧克力醬沾醬材料：
- 可可粉 1/4 杯
- 椰油 3 大匙（隔溫水融化）

做 法

1　將所有材料混合，並放進食物風乾機裡，以41度C（105度F），風乾22小時。
2　將堅果糖切成小方塊後，沾上巧克力醬，冷卻即可。

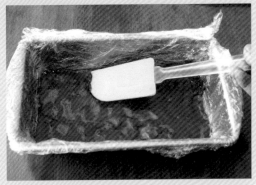

布朗尼

　　布朗尼，一定是以巧克力為基礎的甜點，但 Lulu 的這道布朗尼，其營養成分與美式布朗尼非常不同，除了保有甜點的口感，還加入了核桃、葡萄、黑蜜棗，更加營養。

材料：

- 核桃 4 杯
- 葡萄 2/3 杯
- 黑蜜棗 2/3 杯
- 可可粉 2/3 杯
- 肉桂粉 1 大匙
- 香草精 2 小匙
- 紅辣椒粉
  （cayenne pepper）
  2 小匙
- 海鹽 1/8 小匙
- 水 2 大匙

巧克力抹醬材料：

- 蜂蜜 1/2 杯
- 椰油 1/4 杯（隔溫水融化）
- 可可粉 2/3 杯

做法

1 將核桃放進食物調理機裡，打成碎渣。
2 再將葡萄乾、黑蜜棗、可可粉、肉桂粉、香草精、紅椒粉、海鹽及水加入食物調理機裡，繼續打成糖糕。
3 將巧克力抹醬材料混合。
4 將糖糕擀平，抹上巧克力抹醬，冷藏、切方塊即可。

巧克力夾心球

　　這道巧克力夾心球，是我踏入生機飲食料理的第一道糕點。記得當時吃第一口，立刻覺得生機飲食其實可以吃的相當幸福，並不是外界想像的有了健康就少了美味。相信大家只要吃到巧克力夾心球，會了解我所謂的幸福感。

材料：

- 葵花籽 1/2 杯
- 核桃 1/2 杯
- 黑蜜棗 1/2 杯
- 海鹽 1/8 小匙
- 可可粉 4 大匙

做 法

1 將葵花籽及核桃放進食物調理機裡，打成細粒。
2 再加入黑蜜棗、海鹽及可可粉，直到所有材料混合均勻。
3 將混合均勻的材料挖成球狀即可。

飲
品

果 汁 類
榨 汁 類
其 它 飲 料

果汁類

早晨元氣果汁

Camu~Camu「卡姆果」，長的很像大顆的櫻桃或是葡萄，來自秘魯亞馬遜雨林裡茂密灌木叢，有維他命 C 之王的美名。

材料：

- 枸杞 1/4 杯
- 橘子 4 顆
- 香蕉 1 杯
- 堅果奶 2/3 杯
- 卡姆果粉（camu~camu powder）3 杯

做法

1 先將枸杞泡水 20 分鐘。
2 橘子去皮、去籽。
3 將自製的堅果奶（做法參考第 223 頁）和所有材料放進生機調理機裡，打成汁。

榴槤椰奶

榴槤含有豐富的脂類、蛋白質和多種微量元素，因此體虛的朋友可以食用榴槤來補充身體所需的能量和營養。

材料：

- 榴槤肉 3 杯
- 椰子 2 顆（椰子水及椰肉）
- 肉桂粉 1/4 小匙
- 水（依個人喜好調整）
- 蜂蜜（依個人喜好調整）

做法

1 先處理椰子。將其剝開（方法參照第 52 頁）並倒出椰子水、挖出椰肉。
2 去榴槤籽，取下榴槤肉。
3 將所有材料放進生機調理機裡，打成汁。

仙人掌糖汁

酪梨椰奶

　　龍舌蘭花蜜（也叫仙人掌糖汁），比蜂蜜還甜，是一種低糖、低熱量的天然甜味劑，適用於糖尿病的朋友。它和蜂蜜一樣，是完全天然的食品，如果買不到，可以使用蜂蜜代替。

材料：

- 酪梨 2 杯
- 椰奶 3~4 杯
- 冰塊 1 杯
- 仙人掌糖汁（Agave syrup)2 大匙

做　法

1 酪梨去籽，挖出酪梨肉，約 2 杯分量。

2 將所有材料放進生機調理機裡，打成汁。

印度芒果拉奶

豆蔻（cardamom）是一種獨特的香料，很少會加在飲料中，美國的甜點裡有時也會用到此種香料。也因為荳蔻粉，讓這道飲料相當獨特，是到印度餐廳必點的飲料。黑蜜棗糖漿也可用蜂蜜取代。

材料1：

- 芒果肉 3 杯
- 椰奶 1 杯
- 水 1 杯
- 自製黑蜜棗糖漿 1 大匙
- 豆蔻粉（cardamom）1/4 小匙

材料2： 自製黑蜜棗（Medjool date）糖漿

- 黑蜜棗 1/2 杯　　　● 水 1 杯

做 法

1 將黑蜜棗與水放進調理機裡，攪打均勻，既是自製黑蜜棗（Medjool date）糖漿 。

2 芒果切片、去籽。

3 將所有材料與黑蜜棗糖漿，放進生機調理機打成汁。

超級精力果汁

馬可粉（Maca powder）又稱祕魯人參粉，植物原型長的很像小蘿蔔，根部有不同顏色：黃、白、紫、黑等，含有豐富營養成分及活性元素。

材料：

- 芒果 4 杯
- 紅辣椒 1/2 根
- 檸檬草或稱香茅草（Lemongrass）約 10 公分
- 綠藻粉（spirulina powder）2 小匙
- 抹茶粉 1 小匙

- 小麥草粉 2 小匙
- 馬可粉（Maca Powder）1 小匙
- 椰肉 1 杯（1~2 顆椰子）或是椰油（2 大匙）
- 椰子水 4 杯

做 法

1 先處理椰子，取椰肉、椰子水。
2 然後依序把所有材料放進生機調理機裡，打成汁。

鋼鐵人果汁

　　鋼鐵人顧名思義這道果汁一定含有高含量的鐵質，而綠色蔬菜當然以菠菜為首選，水果的搭配其實以自家冰箱有的水果做選擇也可以，重點是增加了亞麻籽油、馬可粉、大麻籽粉與蜂花粉，補充了很好的能量與營養素，是非常適合貧血或經期的女性朋友喝的果汁。

材料：

- 枸杞 1/4 杯
- 香蕉 2 根
- 草莓 1 杯
- 藍莓 1 杯
- 菠菜 2 杯
- 大麻籽粉（Hemp protein）3 大匙
- 蜂花粉 (bee pollen)2 大匙
- 純芝麻醬 1 大匙
- 亞麻籽油 1 大匙
- 馬可粉（Maca powder)2 小匙
- 水 1 又 1/2 杯

做法

1 將枸杞泡水 20 分鐘。
2 洗淨所有水果與蔬菜。
3 依序將所有材料放進生機調理機裡，打成汁。

印尼薑黃汁

薑黃是一種地下根莖植物，可調整體質、增強體力、幫助維持健康。而羅望子是羅望子樹的果實，果肉味酸帶著果香，是東南亞常使用的食材，幫助消化又開胃，可用來調味菜餚，也可用來做冷熱飲。

材料：

- 薑黃 (Turmeric) 2 大匙
- 羅望子醬(Tamarind Paste) 1 小匙
- 檸檬汁 1 顆
- 蜂蜜 2 大匙
- 水 1/2 杯

做 法

1 將薑黃切碎。
2 擠一顆檸檬汁。
3 依序將材料放進生機調理機裡，打成汁。

芒果枸杞汁

芒果是台灣夏天之際，很多人喜愛的水果之一，但總是讓人擔心熱量太高。其實所有食物適當的攝取，既滿足口欲又可以吃進該食物的營養素，尤其不用特別去限制原始食物（Whole food）的攝取，只要適量對身體都有好處。而芒果除了纖維與維生素 C 之外，還含有非常高的維生素 A，而維生素 A 對我們的眼睛非常好，有明目的效果。

材料：

- 芒果 4 杯
- 蜂蜜 2 大匙
- 枸杞 1/4 杯
- 椰子汁 2 杯
- 檸檬汁 3 大匙

做法

1 枸杞泡水 20 分鐘。
2 將所有材料放進生機調理機裡，打成汁。

5種綠色蔬果汁

　　我的綠色蔬果汁的原料，通常有水果、蔬菜及水，而水可用堅果奶或是椰子水代替。

我的食材比例為 60％的水果，40％ 的蔬菜，然後用水稀釋。

　　剛開始喝的朋友，可先選用較甜的蔬菜。甜度高的蔬菜為菠菜、羅美生菜、羽衣甘藍（Kale）、散葉甘藍菜（Collard Greens）及蒲公英葉（Dandelion）。如果追求更高的營養價值，可添加天然補品，像是大麻籽粉（Hemp protein）、蜂花粉（bee pollen）、馬可粉（Maca powder）、綠藻粉（spirulina），更可加入 1 大匙的椰子油、 純芝麻醬、亞麻籽油等。你也可以加酪梨或是堅果，讓果汁的更香濃滑順。要是怕小朋友不敢喝，可加入藍莓，顏色就不會是綠色，小朋友嘗試的意願會提高。

香蕉果汁

材料：

• 羽衣甘藍 (Kale) 2 杯
• 香蕉 3 杯
• 椰子水 1 杯

水蜜桃果汁

材料：

• 水蜜桃 3 杯
• 菠菜 2 杯
• 香蕉 1 杯
• 堅果奶 1 杯

西洋梨果汁

材料：

• 洋梨 3 顆
• 荷蘭芹 (Parsley) 1/2 杯
• 水 1 杯
• 檸檬汁 1 大匙

藍莓奶

材料：

• 藍莓 2 杯
• 香蕉 1 杯
• 牛皮菜 (Swiss chard) 2 杯
• 堅果奶 1 杯

酵素果汁

材料：

• 鳳梨 1 又 1/2 杯
• 木瓜 1 又 1/2 杯
• 菠菜 2 杯
• 椰子水 1 杯

做法

將所有材料放進生機
調理機裡，打成汁。

※ 小叮嚀：
每杯果汁都可加入適量的蛋白粉增加營養素。

榨汁類

小麥草汁

　　天天喝小麥草汁可以排毒。每天早上我起床的第一件事就是喝小麥草汁。剛開始買市面上販售的小麥草粉，後來就自己種，因為我相信加工越少的東西，營養價值越高。小麥草嫩葉直接榨汁，含有葉綠素、氨基酸、維生素、礦物質和酵素，不加工，所以營養不流失。

　　我常告訴朋友，小麥草汁是人體的綠色血液，每天喝小麥草汁，可獲得最高的營養價值，並可預防和治療疾病。生病的人服用，增強體力，強化和促進細胞再生，清除血液中的重金屬，淨化肝臟，預防脫髮以及改善更年期症狀。

216

小麥草汁

　　種植小麥草其實很簡單。先準備花盆或任何盤子，填滿泥土，泥土中不要有任何化學肥料、殺蟲劑之類的成分。我都使用有機泥土，或是不用土，但使用泡過水的有機肥料。先將小麥種子浸水一夜，隔天將種子均勻撒在泥土上，用手稍為施壓將種子壓入泥，每晚澆水，直到發芽。照此方法，再把種子撒在另一花盆，發芽之後再種另一盆，如此輪流栽種，將花盆放在通風陰涼處，約一星期，小麥草即可長到 7~8 英吋高（約 17 公分）就可收成了。

　　小麥草之父查爾斯·許納貝（Charles F. Schnabel）曾說過：「十五磅的小麥草等於三百五十磅最好的蔬菜」，也就是一杯 30 毫升小麥草汁的營養等於 1 公斤的綠色蔬菜。每天喝小麥草汁，可以改善消化系統，預防癌症、糖尿病和心臟病，也可治療便秘。但記得一天不要超過 30 毫升。

材料：

• 新鮮小麥草 3 大把

做 法

將小麥草放進榨汁機裡，榨成汁。（純榨汁，一把小麥草榨出的汁只有一點點，非常少量。）

紅蘿蔔薑母汁

材料：

• 紅蘿蔔 4~6 根
• 蘋果 2 顆
• 薑母約 2.5 公分

做法

1 將紅蘿蔔與蘋果洗淨，不用削皮。
2 將所有食材放進榨汁機裡，榨成汁。

紅蘿蔔葉也可以一起榨汁

排毒汁

甜菜根有排毒換血的功能，而黃瓜可降火氣。每當長青春痘或是燥熱有火氣時，就會馬上榨排毒汁喝，隔天就會好很多。

材料：

- 甜菜根 1 顆
- 蘋果 1 顆
- 黃瓜 4 根

做法

1 洗淨蔬果，將甜菜根與蘋果切成細長條以方便榨汁。
2 將所有食材放進榨汁機裡，榨成汁。

蔬果汁

材料：

- 小黃瓜 4 根
- 大芹菜 8 根
- 羽衣甘藍（Kale）1 杯
- 菠菜 1 杯
- 西洋芹（parsley）1 杯
- 檸檬 1/4 顆（留皮）
- 薑母 約 2.5 公分

做 法

1 先將蔬果沖洗洗淨、切塊。
2 將所有食材放進榨汁機裡，榨成汁。

※ 小叮嚀：
菜渣可留下做菜餅，餵狗或是當花園肥料。

其它飲料

大家都以為要變瘦，喝牛奶就要喝低脂，甚至脫脂，才能降低脂肪攝取，其實這是完全錯誤的觀念 。吃任何東西，重要的並不是減低膳食中的脂肪，而是減少熱量的攝取。像杏仁中所含的脂肪對身體有好處，可以讓你不需吃很多食物就有飽腹感，也能獲取很多蛋白質和其他營養素。

堅果奶

　我通常使用杏仁堅果製作。堅果及水比例為 1：4。假如你想製作更香濃的堅果奶，也可使用 1：2 的比例。在此小提醒，堅果渣可留下來脫水烘乾，放進食物調理機裡打成粉，用來做甜點或是放進沙拉食用。

無糖堅果奶材料：

- 生堅果 1 杯
- 水 4 杯

微甜堅果奶材料：

- 生堅果 1 杯
- 水 4 杯
- 甜蜜棗（Medjool Date)2~3 顆或是蜂蜜 2 大匙
- 香草精 1 大匙
- 海鹽 1/4 小匙

做 法

1 堅果要先放進水中浸泡 8 小時，讓堅果發芽。
2 將所有材料放進生機調理機裡，打成汁。
3 用濾網或濾袋將汁濾出即可。
4 將剩下的堅果渣留下烘乾保存，供以後使用。

椰奶

椰子的營養價值很高，固定喝椰子水可以降低壞膽固醇的比例，而椰肉中含有約 60% 的椰油。女性在減肥時要減少攝取高油脂的食物，但人體還是需要固定量的油脂，而椰子所產生的油脂是飽和脂肪酸，是人體需要的好油脂，無需過多的擔心。

材料：

• 椰子 1 顆

做 法

1 將椰子剖開，倒出椰子水，挖出椰肉。
2 將椰子水及椰肉放進生機調理機裡，打成椰奶。

鳳梨雞尾調酒

　　克弗爾益菌水（Kefir），也就是用克弗爾益菌粉（或稱優格酵母菌粉）加入水中攪拌均勻使用，也稱回春水。克弗爾益菌讓水發酵，含有豐富的益菌素（prebiotic）及益生菌(probiotic)。

材料：

- 檸檬 1 顆
- 薄荷葉 1 大匙
- 鳳梨 1 杯
- 柳橙 1 顆
- 克弗爾益菌水（Kefir）或是白酒 3 杯

做 法

1 先製作克弗爾益菌水。
2 再將所有材料放進生機調理機裡，打成汁。

檸檬雞尾酒

回春水或是白酒都是發酵的飲料，能促進腸胃蠕動及新陳代謝。這道飲料很適合辦派對飲用，喝下的是健康，不是只喝下酒精。

材料：

- 回春水或是白酒 3 杯
- 椰子汁 3/4 杯
- 檸檬汁 1/4 杯
- 蜂蜜 2 大匙

做 法

將所有食材放進調酒杯裡，混合冰塊，馬上喝。

鳳梨可樂達果汁

　　鳳梨可樂達果汁是有名的雞尾調酒。Lulu 不會喝酒,每當家裡辦派對時都喝這道飲料,大家都不知道我沒喝酒。

材料:

• 椰子水 1 杯
• 椰肉 1/2 杯
• 鳳梨 2 杯
• 冰塊 1/2 杯

做 法

1 先將椰子水與椰肉放進生機調理機裡製成椰奶。
2 鳳梨切塊。
3 將所有材料放進生機調理機裡,打成汁。

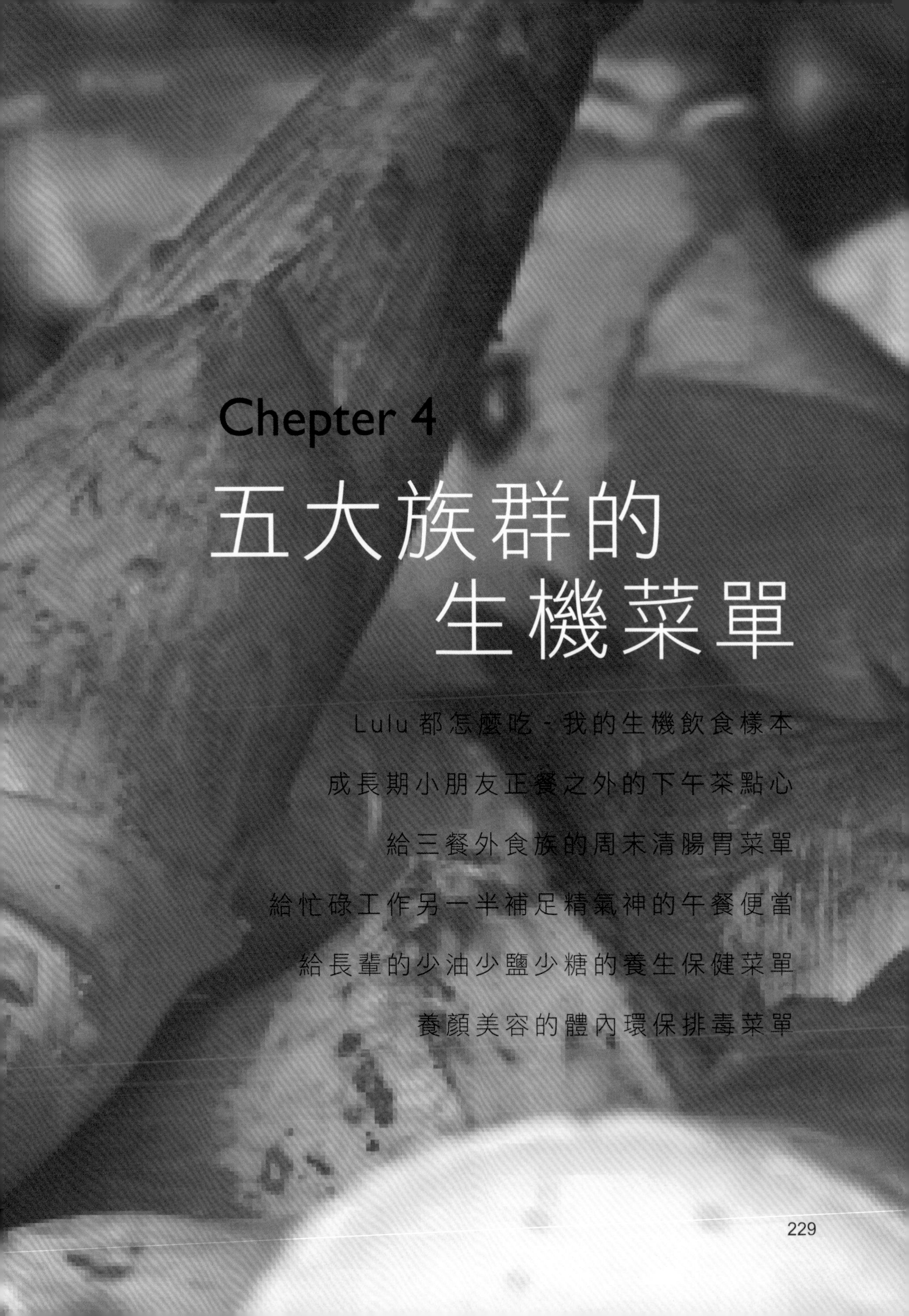

Chepter 4

五大族群的
生機菜單

Lulu 都怎麼吃 - 我的生機飲食樣本

成長期小朋友正餐之外的下午茶點心

給三餐外食族的周末清腸胃菜單

給忙碌工作另一半補足精氣神的午餐便當

給長輩的少油少鹽少糖的養生保健菜單

養顏美容的體內環保排毒菜單

我的生機飲食樣本

　　我常常被問：「你是不是一整天都待在廚房做菜？」、「生機飲食是不是很麻煩？」

　　除了健康之外，這是生機飲食最常產生的疑問。其實生機飲食相當容易與輕鬆。如果照我的方法，只要改變做菜的習慣及模式，你會發現做菜的時間反而比較快，而且我的廚房完全沒有油煙，通常用水沖一沖就很乾淨，非常好清洗。

以下是我的做菜習慣及原則：

第一、「簡單」為第一原則

　　不要一次做太多的小菜或甜點，有時候太複雜反而會成為負擔。我建議不論是飲料、小菜或是甜點，每星期只挑 3~5 道食譜就夠了，例如我做櫛瓜麵條與紅蕃茄醬時，接下來兩三天的午餐都會是這道餐。而晚餐我會買南瓜做南瓜濃湯，約 3~4 天的分量，再加上沙拉或小菜，這樣幾天的晚餐也就解決了。我通常也會準備簡單的沙拉醬，例如泰國青木瓜沙拉醬。沙拉醬足夠我製作 3~4 餐的沙拉。如果你能跟著我的方法做，會發現比一般炒菜的飲食方式還快速又方便。每天真的花不到 30 分鐘，就可準備好健康又超級美味的料理。

　　至於沙拉的準備方式，我通常會買各種蔬菜嫩葉，每星期更換不同的蔬菜，再將根莖葉的蔬菜，如大黃瓜、櫛瓜或蘿蔔，切丁或刨絲，放入些葡萄乾、蔓越莓、南瓜子及杏仁豆，最後再淋上沙拉醬，通常花費不到 15 分鐘的時間。

　　我一星期大約買兩次菜，以保持蔬果的新鮮度。假如你習慣天天買菜那最好不過，不用擔心連續好幾天吃一樣的東西。我提供的食譜真的很好吃，在吃完第一頓後，你將會期待明天午餐的到來，但不要忘記下半周要準備不同的晚餐，才不會一直吃一樣的主菜。

第二、預備不同的小菜乾糧

　　廚房及手頭上盡量有預先做好的乾糧、小菜或甜點。像我的廚房總是有方塊酥、蔬菜脆餅當點心，冰箱總是有杏仁奶、椰子水或椰奶，冷凍庫總有餅乾、冰淇淋、慕司或起司蛋糕。在食用前一天，先將冷凍的甜點解凍，隔天就有甜點食用。而每個月挑兩道甜點製作並冷凍。我通常喜歡用水果當作甜點，有時我會加入優格混著吃。要是嘴饞時，就會吃解凍的甜點。大家不要害怕吃甜點，我食譜上的甜點除了好吃，而且含有豐富的營養，所以吃了對身體很好，再也不用追著家人及小朋友強迫吃大顆難吞的維他命補品。

　　我平常也會冷凍洗好水果，像芒果、鳳梨、草莓及藍莓等，除了可用來打果汁外，在沒有時間買水果的時候，只要打開冰箱就有食材可用。

第三、多喝蔬果汁

　　我認為養成生機飲食的生活方式，最重要也是最簡單的步驟就是從「喝蔬果汁」做起。果汁除了相當好製作，因為是液體，所以相當容易下口。尤其蔬果汁，打成細密的分子，不需要咀嚼就可以快速被備腸胃吸收，馬上給身體高能量的養分。像我早上起床會馬上用蔬果榨汁機榨果汁，而且一定會在榨完的 20 分鐘內喝完，緊接著會用生機調理機打果汁，加入杏仁奶或優酪乳成為濃稠的果汁，喝幾口就會很飽。我每天除了喝一杯榨汁，至少還會喝兩杯 500cc 的果汁牛奶。而我的果汁通常含較多的蔬菜，所以通常為綠色蔬果汁。如果你是新手 不妨多用水果，做出來的果汁會比較甜美好喝。

第四、吃當季水果

　　盡量吃當季熟成的水果。有時候我的晚餐就只吃一大盤的水果，有時候我的下午茶甜點就只吃切片的大黃瓜，通常會灑上海鹽，更容易入口。另外我最期待夏天到來，因為可以一整天都吃西瓜，而芒果、鳳梨、蘋果或木瓜也是我最愛的水果。熟成的水果不用任何處理加工，只要切一切，就是好吃又保有最高營養的食物。

成長期小朋友{正餐之外的下午茶點心}

　　成長期的小朋友最需要的營養素是熱量及豐富的蛋白質。年紀較小的幼兒，我建議盡量給新鮮的水果當點心，如草莓、藍莓、木瓜及葡萄。只要吃新鮮的水果，不用擔心太甜。大一點的小朋友或青少年，開始偏食時，就會提供以下的甜點。這些點心都相當建康營養。我挑的都是乾糧，所以較容易放進書包裡。

下午茶點心菜單
香蕉脆餅（第196頁）
羽衣甘藍菜片（第168頁）
奇亞子蜜棗糕（第195頁）
亞麻仁籽脆餅（第199頁）
巧克力花生糖（第178頁）
白芝麻腰果糖（第191頁）
方塊酥（第186頁）

給三餐外食族的 { 周末清腸胃菜單 }

　　習慣外食或是平常沒有時間做菜的朋友，可以趁週末吃生機飲食來清腸。這個菜單清爽健康，菜量大但熱量低，吃不完也沒關係。我建議找兩三個志同道合的朋友，約好一起做料理或是先做好幾道菜互相分配交換。

星期六菜單			
早餐	中餐	下午茶甜點	晚餐
蔥油餅 （第83頁） 杏仁奶 （第79頁） 豆腐蛋 （第82頁）	超級精力果汁（第210頁） 木瓜芒果沙拉（第66頁） 鳳梨炒飯（第114頁） 不燒烤串及沙嗲醬 （第159頁）	桑葚慕司 （第188頁）	日式海帶湯（第94頁） 泰國青豆沙拉（第72頁） 泰式椰奶咖哩（第133頁） 椰奶奶酪（第181頁）

給忙碌工作另一半
｛補足精氣神的午餐便當｝

　　如果你有時間替另一半準備午餐是最好不過的。這些午餐方便好帶，而且相當開胃。果汁營養能補充能量，不論是拌飯或是炒麵都不會油膩反胃，吃了也沒罪惡感。下午吃塊點心，保證頭腦清晰，精力充沛。

上班午餐菜單

週一	週二	週三	週四	週五
韓國拌飯 （第 118 頁）	泰國紅咖哩湯麵 （第 125 頁）	壽司 （第 116 頁）	馬來西亞紅咖哩 炒飯（第 117 頁）	泰式炒麵 （第 129 頁）
鋼鐵人果汁 （第 211 頁）	超級精力果汁 （第 210 頁）	綠色蔬果汁 （第 215 頁）	酪梨椰奶 （第 208 頁）	印度芒果拉奶 （第 209 頁）
方塊酥 （第 186 頁）	白芝麻腰果糖 （第 191 頁）	杏仁咖啡塊 （第 170 頁）	花生糖 （第 198 頁）	布朗尼 （第 203 頁）

星期六、日菜單

早餐	中餐	下午茶點心	晚餐
早晨元氣果汁 （第 206 頁） 土司麵包 （第 75 頁） 鳳梨醬（第 87 頁） 桑葚醬（第 80 頁）	蕃茄奶濃湯（第 89 頁） 菠菜水梨沙拉 （第 72 頁） 義大利蕃茄醬麵 （第 131 頁）	起司蛋糕 （第 189 頁）	鳳梨可樂達果汁 （第 227 頁） 春捲（第 152 頁） 韓國拌飯（第 118 頁） 哈密瓜盅（第 169 頁）

給長輩的{ 少油少鹽少糖養生保健菜單 }

　　老人家的味覺會越來越退化，需要的熱量也比較低，再加上吞食口感的改變，我會盡量挑選湯湯水水或是相當柔軟、好咬、容易下口的食物，這些也適合生病開刀沒胃口的人食用。

菜單	
豆腐蛋（第82頁）	椰奶優格（第58頁）
蔥油餅（第83頁）	白花椰菜飯（第115頁）
蕃茄奶濃湯（第89頁）	紅薑無花果菜（第155頁）
南瓜濃湯（第90頁）	香菇素肉鬆（第149頁）
木瓜濃湯（第97頁）	嫩葉菠菜（第144頁）
味噌湯（第92頁）	椰奶奶酪（第181頁）
椰奶濃湯（第96頁）	軟花生糖（第182頁）

養顏瘦身的{ 體內環保排毒菜單 }

　　這些菜單適合想要減肥養顏的人食用。除了有排毒汁進行體內排毒，所有主餐的熱量極低。這些菜適合當晚餐或午餐食用，除了可以讓體重變輕，你將發現皮膚也變好了。果汁及菜色也可以互相交換。

菜單 1	菜單 2	菜單 3
小麥草汁（第217頁） 梅漬苦瓜 （第102頁） 芥末西瓜白（第100頁）	印尼薑黃汁（第212頁） 甜菜根沙拉（第71頁） 蘆筍 （第139頁）	Lulu 排毒汁 （第220頁） 泰國青木瓜沙拉（第70頁） 韓式泡菜（第56頁）

菜單 4	菜單 5	
綠蔬果汁（第215頁） 印度黃咖哩（第135頁） 椰奶優格 （第58頁）	自製回春水（第59頁） 木瓜濃湯 （第97頁） 白花椰菜飯（第115頁）	

裸食瘦身

真人實證！
Raw Food 飲食法，
實現排毒、增肌、減脂、
逆齡效果的148道料理

作　　者：嚴惠如 Lulu
責任編輯：梁淑玲
文字整理：嚴婷婷
封面、內頁設計：嚴曉蘋
感謝贈品贊助：人良油坊

………………………………………………………………

出版總監 / 黃文慧
副 總 編 / 梁淑玲、林麗文
主 編 / 蕭歆儀、黃佳燕、賴秉薇
行銷總監 / 祝子慧
行銷企劃 / 林彥伶、朱妍靜
印務：黃禮賢、李孟儒

………………………………………………………………

社長：郭重興
發行人兼出版總監：曾大福
出版：幸福文化 / 遠足文化事業股份有限公司
地址：231 新北市新店區民權路 108-1 號 8 樓
粉絲團：https://www.facebook.com/Happyhappybooks/
電話：(02) 2218-1417　傳真：(02) 2218-8057
發行：遠足文化事業股份有限公司
地址：231 新北市新店區民權路 108-2 號 9 樓
電話：(02) 2218-1417　傳真：(02) 2218-1142
電郵：service@bookrep.com.tw
郵撥帳號：19504465
客服電話：0800-221-029
網址：www.bookrep.com.tw
印刷：通南彩色印刷有限公司
電話：(02)2221-3532
法律顧問：華洋法律事務所 蘇文生律師
初版一刷：2020 年 4 月
定價：550 元
Printed in Taiwan

有著作權　侵犯必究
※ 本書如有缺頁、破損、裝訂錯誤，請寄回更換
※ 特別聲明：有關本書中的言論內容，不代表本
　公司 / 出版集團的立場及意見，由作者自行承
　擔文責。

國家圖書館出版品預行編目 (CIP) 資料

裸食瘦身：真人實證！Raw Food 飲食法，實現排毒、
增肌、減脂、逆齡效果的 148 道料理 / 嚴惠如著．
-- 初版 . -- 新北市：幸福文化出版：遠足文化發行，
2020.04
　面；　公分 . --（健康養生區 Healthy Living；12）
ISBN 978-957-8683-84-6(平裝)

1. 食譜 2. 生機飲食 3. 減重

427.1　　　　　　　　　　108023302

人良油坊 OILICIOUS

您喝過現榨橄欖油嗎？

人良油坊
油品界的果汁鋪

2015年創立人良油坊，遠赴義大利拜訪農場、學習品油，將地中海區新鮮橄欖帶回台灣，也親赴日本學習榨油技術，以**小量生產、新鮮現榨**的概念，推動台灣小油坊的復興。

產品服務：
在地特級冷壓初榨橄欖油(原味、未過濾)、苦茶油、亞麻仁油、南瓜籽油等初榨種籽油。

招牌產品：
「風味橄欖油系列」，運用自然農法栽種，通過373項農藥檢驗的水果、香草，與橄欖一起碾碎、攪拌，滿溢香氣的風味漸漸融入油中，增加油的營養與抗氧化力。

國際橄欖油大賽銀賞
人良薑黃馬告風味橄欖油

TIPS！
為甚麼油可以像果汁那麼好喝？

安心
每年送檢，產品皆通過**酸價、黃麴毒素、農藥**殘留等安全檢驗合格

真食
果實與種籽皆保存到最後一刻再生產製油，**小量生產**，售完再榨，保持**新鮮供應**的狀態

守護
手工清洗挑揀篩籽。純天然物理壓榨，取第一道初榨，無化學萃油，**無添加物**

堅持
透明櫥窗榨油室，看得見從原料到成品的真實製程。守護健康，品嚐**真食**的美好

2019年獲
日本**國際橄欖油大賽銀賞**，
台灣唯一獲獎風味橄欖油
2017年獲
亞太無添加協會**「特別評審獎」**
亞太無添加**美食獎三星**

媒體報導：
食力foodNEXT
NOM Magazine
今周刊
蘋果日報
中視等

239